国家示范性高职院校优质核心课程系列教材

生态养殖

■ 赵希彦 俞美子 主编

SHENGTAI
YANGZHI

U0285611

化学工业出版社
·北京·

本书旨在介绍动物在不同生态条件下与其他动物、植物、微生物的生态关系原理，以及根据这些原理合理利用畜禽生产的废弃物，实现动物饲料和能源等的循环利用，使畜牧业可持续健康发展的方法。

　　全书以"如何开发建设一个生态养殖项目"为思路与主线编写：主要内容包括对生态养殖的认识（生态养殖含义、基本特征、生态现象分析、生态学基本原理）、我国关于生态养殖（生态农业）的有关政策、我国现有生态养殖模式分析、生态养殖创业项目设计和畜禽生态养殖技术。

　　本教材可供高职高专院校畜牧兽医类专业学生使用，也可以作为广大畜禽生产经营者的参考用书。

图书在版编目（CIP）数据

　　生态养殖/赵希彦，俞美子主编. —北京：化学工业
出版社，2015.5（2024.2重印）
　　国家示范性高职院校优质核心课程系列教材
　　ISBN 978-7-122-23582-4

　　Ⅰ.①生… Ⅱ.①赵…②俞… Ⅲ.①生态养殖-教材
Ⅳ.①S815

　　中国版本图书馆 CIP 数据核字（2015）第 068450 号

责任编辑：迟　蕾　李植峰　　　　　　　　　　装帧设计：史利平
责任校对：王素芹

出版发行：化学工业出版社（北京市东城区青年湖南街13号　邮政编码100011）
印　　装：北京七彩京通数码快印有限公司
787mm×1092mm　1/16　印张10¼　字数207千字　　2024年2月北京第1版第3次印刷

购书咨询：010-64518888　　　　　　　售后服务：010-64518899
网　　址：http://www.cip.com.cn
凡购买本书，如有缺损质量问题，本社销售中心负责调换。

定　　价：36.00元

"国家示范性高职院校优质核心课程系列教材"
建设委员会成员名单

主任委员　蒋锦标

副主任委员　荆　宇　宋连喜

委　　员　（按姓名汉语拼音排序）

蔡智军　曹　军　陈杏禹　崔春兰　崔颂英

丁国志　董炳友　鄂禄祥　冯云选　郝生宏

何明明　胡克伟　贾冬艳　姜凤丽　姜　君

蒋锦标　荆　宇　李继红　梁文珍　钱庆华

乔　军　曲　强　宋连喜　田长永　田晓玲

王国东　王润珍　王艳立　王振龙　相成久

肖彦春　徐　凌　薛全义　姚卫东　邹良栋

《生态养殖》编写人员

主　　编　　赵希彦　俞美子

副 主 编　　王德武　李桂伶　黎　丽　张贺儒

参编人员　　（按汉语拼音排序）

范　强　辽宁农业职业技术学院

范　颖　辽宁农业职业技术学院

黎　丽　辽宁省凌海市职业教育中心

李桂伶　辽宁水利职业学院

吕丹娜　辽宁农业职业技术学院

孙淑琴　辽宁农业职业技术学院

王德武　辽宁农业职业技术学院

王景春　辽宁农业职业技术学院

王喜庆　大成食品（大连）有限公司种鸡场

俞美子　辽宁农业职业技术学院

张贺儒　辽宁省凌海市职业教育中心

赵希彦　辽宁农业职业技术学院

周丽荣　辽宁农业职业技术学院

邹德华　阜新原种猪场

序

我国高等职业教育在经济社会发展需求推动下，不断地从传统教育教学模式中蜕变出新，特别是近十几年来在国家教育部的重视下，高等职业教育从示范专业建设到校企合作培养模式改革，从精品课程遴选到双师队伍构建，从质量工程的开展到示范院校建设项目的推出，经历了从局部改革到全面建设的历程。教育部《关于全面提高高等职业教育教学质量的若干意见》（教高〔2006〕16号）和《教育部、财政部关于实施国家示范性高等职业院校建设计划，加快高等职业教育改革与发展的意见》（教高〔2006〕14号）文件的正式出台，标志着我国高等职业教育进入了全面提高质量阶段，切实提高教学质量已成为当前我国高等职业教育的一项核心任务，以课程为核心的改革与建设成为高等职业院校当务之急。目前，教材作为课程建设的载体、教师教学的资料和学生的学习依据，存在着与当前人才培养需要的诸多不适应。一是传统课程体系与职业岗位能力培养之间的矛盾；二是教材内容的更新速度与现代岗位技能的变化之间的矛盾；三是传统教材的学科体系与职业能力成长过程之间的矛盾。因此，加强课程改革、加快教材建设已成为目前教学改革的重中之重。

辽宁农业职业技术学院经过十年的改革探索和三年的示范性建设，在课程改革和教材建设上取得了一些成就，特别是示范院校建设中的32门优质核心课程的物化成果之一——教材，现均已结稿付梓，即将与同行和同学们见面交流。

本系列教材力求以职业能力培养为主线，以工作过程为导向，以典型工作任务和生产项目为载体，立足行业岗位要求，参照相关的职业资格标准和行业企业技术标准，遵循高职学生成长规律、高职教育规律和行业生产规律进行开发建设。教材建设过程中广泛吸纳了行业、企业专家的智慧，按照任务驱动、项目导向教学模式的要求，构建情境化学习任务单元，在内容选取上注重了学生可持续发展能力和创新能力培养，具有典型的工学结合特征。

本套以工学结合为主要特征的系列化教材的正式出版，是学院不断深化教学改革，持续开展工作过程系统化课程开发的结果，更是国家示范院校建设的一项重要成果。本套教材是我们多年来按农时季节工艺流程工作程序开展教学活动的一次理性升华，也是借鉴国外职教经验的一次探索尝试，这里面凝聚了各位编审人员的大量心血与智慧。希望该系列教材的出版能为推动基于工作过程系统化课程体系建设和促进人才培养质量提高提供更多的方法及路径，能为全国农业高职院校的教材建设起到积极的引领和示范作用。当然，系列教材涉及的专业较多，编者对现代教育理念的理解不一，难免存在各种各样的问题，希望得到专家的斧正和同行的指点，以便我们改进。

　　该系列教材的正式出版得到了姜大源、徐涵等职教专家的悉心指导，同时，也得到了化学工业出版社、中国农业大学出版社、相关行业企业专家和有关兄弟院校的大力支持，在此一并表示感谢！

蒋锦标

2010 年 12 月

前言
Preface

畜牧业的快速发展在整个农业发展中举足轻重。随着我国畜牧业生产规模的不断扩大和集约化程度的不断提高,饲料资源短缺及环境污染问题日益突出。一方面,养殖粪污已成为农业污染的重要来源;另一方面,畜禽又是农业生态系统中有机物质最重要的消费者,更是生态系统发展方向的重要推动者。如果把养殖粪污有效转移到土地,则可以更好地服务种植业,形成农牧结合、综合利用、循环发展、高产优质的大农业生态系统,对农民增收的作用也是举足轻重的。

同时,随着经济的不断发展和人民生活质量的逐步提高,富含营养、卫生安全的动物产品愈来愈受到人们的欢迎。因此,配制生态营养饲料,提高畜禽废弃物利用率,降低畜牧业环境污染,走生态养殖之路已成为畜牧业发展的必然。

与传统养殖方式相比,生态养殖有三个明显特征:一是生产出来的产品是生态的;二是生产过程是生态的;三是生产环境也是生态的。大力发展生态养殖,加快畜牧业转型升级,是转变农业发展方式的重要途径,对提高农业资源利用率,构建产出高效、产品安全、资源节约、环境友好的农业发展模式,促进农业增效、实现农民增收、维护农村生态,推动农业现代化具有十分重要的意义。

党的十八大明确提出要构建“五位一体”的社会主义事业发展布局,即实现经济建设、政治建设、文化建设、社会建设以及生态文明建设的一体化,努力建设美丽中国。以生态养殖为抓手,发展农业循环经济,是转变农业发展方式的突破口,也是生态文明建设的重要内容。

在高等职业教育畜牧兽医类专业教学中开设生态养殖课程,就是旨在培养学生遵循生态学规律,通过生态养殖模式,将生物安全、清洁生产、生态设计、物质循环、资源的高效利用和可持续消费等融为一体来发展健康养殖,维持生态平衡,降低环境污染,最终为人类生产安全优质的食品。

近些年来,相继有一些农业生态方面的专著与教材出版,对促进学科发展、普及生态基本知识起到了积极作用,但还缺乏较系统地介绍生态养殖理念与技术的教材及参考书。本书希望能填补生态养殖领域教材的空白,对高职畜牧兽医类专业教学起到一定的指导意义。

本书在内容体系设计上,以“如何开发建设一个生态养殖项目”为思路与主线编写,从“对生态养殖的认识”开始,到“我国关于生态养殖的有关政策”、“我国现有生态养殖模式分析”的学习,然后进行“生态养殖项目设计”,并以“相应的生态养殖技术"做保障，符合职业教育人才成长规律和职业能力培养特点。

同时，本教材的编写和出版工作，也得到了辽宁农业职业技术学院的大力支持和各参编单位的热心帮助，在此一并表示诚挚的谢意。

由于编写时间较紧，加之编著者业务水平和经验有限，不尽完善之处，敬请大家批评指正。

编者

2015 年 2 月

目录

Contents

◎ 项目三　生态农牧业的产生与发展　　58

◎ 项目四　我国典型生态养殖模式分析　　65

◎ **参考文献** ………………………………………

项目一
对生态养殖的认识

单元一　生态养殖概述

学习目标

能够总结出生态养殖基本含义及其基本特征；

能够通过案例分析说明我国当前发展生态养殖的必要性。

生态养殖是我国目前大力提倡的一种养殖模式，其核心主张就是遵循生态学规律，将生物安全、清洁生产、生态设计、物质循环、资源的高效利用和可持续消费等融为一体，发展健康养殖，维持生态平衡，降低环境污染，提供安全食品。生态养殖是一种以低消耗、低排放、高效率为基本特征的可持续畜牧业发展模式。

一、　生态养殖的含义

生态养殖是指根据不同养殖生物间的共生互补原理，利用自然界物质循环系统，在一定的养殖空间和区域内，通过相应的技术和管理措施，使不同生物在同一环境中共同生长，实现保持生态平衡、提高养殖效益的一种养殖方式。

这一定义，强调了生态养殖的基础是根据不同养殖生物间的共生互补原理；条件是利用自然界物质循环系统；结果是通过相应的技术和管理措施，使不同生物在一定的养殖空间和区域内共同生长，实现保持生态平衡、提高养殖效益的目的。

生态养殖的含义可以理解为广义和狭义两种。广义的生态养殖简单地说就是"农-

"林-牧-渔"模型,种养结合,相得益彰,以自然生态为基础,发展循环经济,提升综合生产效益。常见的如"猪-沼-果","桑-猪-鱼"模式等,这种模式更准确的定义应该是"生态农业",或者是"以养殖业为基础的生态农业"。

狭义的生态养殖则明确定位于牧场,原则上并不涉及农业、林业等范围,其生态理念及生态技术实施的核心就是牧场,是打造真正意义上的生物安全牧场、食品安全牧场、环境友好牧场、生态循环牧场、低耗高效牧场。可以说狭义的生态养殖是当前养殖业最迫切需要的可持续发展模式,是养殖业摆脱污染、浪费、生物危机和恶性循环局面,走健康养殖业道路的必然选择。

20世纪80年代以来,我国生态养殖技术发展迅速,出现了一大批牧业生态县、生态村及生态养殖场,也总结出了几种具有代表性的生态养殖模式。如辽宁振兴生态集团养猪场,对猪粪便经过"四级净化,五步利用"(图1-1),既实现了无污染清洁生产,又提高了经济效益。

图1-1 辽宁振兴生态集团养猪场
"四级净化,五步利用"模式

又如农业部科教司2002年10月推出的"北方庭院四位一体生态模式",使沼气池、保护地栽培大棚蔬菜、日光温室养猪及厕所四个因子,合理配置,形成了以太阳能、沼气为能源,以人畜粪尿为肥源,种植业(蔬菜)、养殖业(猪、鸡)相结合的保护地四位一体能源高效利用型复合农业生态工程(图1-2、图1-3),非常符合我国北方农村的生产实际。

图1-2 北方庭院四位一体生态模式

生态养殖解决的是当前中国养殖业最重要的四个问题:资源瓶颈、环境污染、食品安全与养殖业自身的可持续发展。

二、 生态养殖的基本原则

在生态养殖过程中,应该遵循以下几原则。

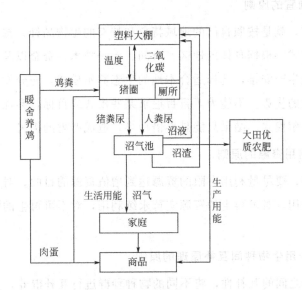

图 1-3　能源高效利用型大棚四位一体农业生态工程

1. 遵循经济效益、生态效益及社会效益兼顾的原则

生态养殖的根本目的就是将经济效益、生态效益与社会效益有机地协调统一起来。生态效益是进行生态养殖的前提，不能一味地追求经济效益而忽略了生态效益。只有在保证了生态效益的前提下，才能保证取得更大、更好、更持久的经济效益；而社会效益更是人类社会可持续发展的需要，只有取得了良好的社会效益，才能取得更多的经济效益和生态效益；社会效益是二者的保障。

2. 遵循全面规划、整体协调的原则

这一原则强调了生态养殖的整体性。它要求养殖生产的各个部门之间，环境资源的利用与保护之间，城市与农村的一体化之间，农、林、牧、渔等各个农业产业类型之间都要做到整体的协调统一，并且相互进行有机的整合，对养殖生产过程进行合理的规划，并按规划来实施。

3. 遵循物质循环、多级利用的原则

在养殖过程中，各个物种群体之间通过物质的循环利用，形成共生互利的关系。也就是说，在养殖的生产过程中，每一个生产环节的产出，就是另一个生产环节的投入。养殖生产过程中的废弃物多次被循环利用，可以有效提高能量的转换率及资源的利用率，降低养殖的生产成本，获得最大限度的经济效益，并能有效防止生物废弃物对环境造成的严重污染。例如，通过种养结合加工的养殖方式，能够实现植物性生产、动物性生产与腐屑食物链的有机结合，养殖过程中产生的禽类动物排泄物可用来肥地种植，不仅能有效解决粪便对环境的污染问题，还可降低施肥成本，大大提高资源的物质循环利用效率，利于降低生产成本并提高经济效益。

4. 遵循因地制宜的原则

所谓因地制宜，就是按照自己的地域特色和特有的生物品种，选择采用能发挥当地优势的生态养殖模式。根据具体的地区、时间、市场技术、资金以及管理水平等综合条件进行合理的养殖生产安排，选择适合本地的生态养殖模式，充分发挥当地的自然资源以及社会周边环境的优势。不能为了盲目追求某些模式或目标，弃优势而不顾，选择不切合当地实际的养殖模式。结果只能是事倍功半，造成严重的损失。

5. 遵循合理利用资源的原则

在养殖过程中，要尽量利用有限的资源达到增值资源的目的。对于那些"恒定"的资源要进行充分利用，对可再生的资源实行永续利用，对不可再生的资源要珍惜，不浪费，节约利用。

6. 遵循合理利用生物种间互补原理的原则

充分利用物种之间的互补性，将不同的物种种群进行互补混养，建成人工的复合物种群体。利用不同物种之间的互利合作关系，使生产者在有限的养殖生产空间内取得最大限度的经济收益。

三、 生态养殖基本特征

1. 多样性

多样性指的是生物物种的多样性。我国地域辽阔，各地的自然条件、资源基础的差异较大，造就了我国丰富的生物物种资源。发展生态养殖，可以在我国传统养殖的基础之上，结合现代科学技术，发挥不同物种的资源优势，在一定的空间区域内组成综合的生态模式进行养殖生产。例如，稻田养鱼的生态种养模式。

生态养殖模式充分考虑到物种的生态、生理以及繁殖等多个方面的特性，根据各个物种之间的食物链条，将不同的动物、植物以及微生物等，通过一定的工程技术（搭棚架、挖沟渠等）共养于同一空间地域。这是传统的单独种植和养殖所不能比拟的。

2. 层次性

层次性是指种养结构的层次性。因为生态养殖涉及的生物物种比较繁多，所以养殖者要对各个物种的生产分配进行有层次的合理安排。

层次性的体现形式之一就是垂直的立体养殖模式。例如，在水田生态养殖模式中，可以在水面养浮萍，水中养鱼，根据鱼生活水层的不同，在水中进行垂直放养；还可以在田中种植稻谷，在田垄或者水渠上还可以搭架种植其他的瓜果作物，充分发挥水稻田的土地生产潜力，增加养殖的层次。

生态养殖就是充分利用农业养殖自身的内在规律，把时间、空间作为农业的养殖资源并加以组合，进而增加养殖的层次性。

各个生物品种间的多层次利用，能够使物流和能流得到良好的循环利用，最终提高经济效益。

3. 综合性

生态养殖是立体农业的重要组成部分，以"整体、协调、循环、再生"为原则，整体把握养殖生产的全过程，对养殖物种进行全面而合理的规划。在养殖过程中，需要考虑不同生产过程的技术措施会不会给其他物种的生长带来影响。例如，在稻田中养鱼，如果要防治病虫，首先需考虑农药会不会对鱼群的生长造成不利影响。因此在防治时，注意用药的剂量以及鱼群的管理等。此外，综合性还体现在养殖生产的安排上，养殖要及时、准确而有序，因为各个物种的生长时间以及周期并不相同，要求养殖者安排好各个方面。

在进行生态养殖之前，做好充足的准备。首先选好养殖场所，其次掌握一定的技术支持，并加强各个部门的协调配合。

4. 高效性

生态养殖通过物质循环和能量多层次综合利用，对养殖资源进行集约化利用，降低了养殖的生产成本，提高了效益。例如，通过对草地、河流、湖泊以及林地等各种资源的充分利用，真正做到不浪费一寸土地。将鱼类与鸡、鸭等进行合理共养，充分利用时、空、热、水、土、氧等自然资源以及劳动力资源、资金资源，并运用现代科学技术，真正实现了集约化生产，提高了经济效益，还使废弃物达到资源化的合理利用。

生态养殖还为农村大量剩余劳动力创造了更多的就业机会，提升了农民从事农业养殖的积极性，利于农民致富和社会的和谐稳定。因此，生态立体养殖不仅是一种高产高效的生产方式，还提升了农业养殖的综合生产能力和综合效益，达到经济、社会、生态效益的完美统一。

5. 持续性

生态养殖的持续性主要体现为养殖模式的生态环保。生态养殖解决了养殖过程产出的废弃物污染问题。如禽类的粪便如果大量的堆积，不但会污染环境，还易滋生及传播疾病。采用立体的生态养殖模式，用粪便肥水养鱼，或者作为蚯蚓的饲料等，如果种植作物，还可以当作有机肥料施用。因此，生态养殖能够防治污染，保护和改善生态环境，维护生态平衡，提高产品的安全性和生态系统的稳定性、持续性，利于农业养殖的持续发展。

四、 我国现阶段发展生态养殖的层次

就我国当前的养殖业来看，养殖规模差异巨大，行业层次错综复杂，所以发展生态

养殖不可以一概而论，要坚持多层次并存，同时要注意不同层次区别对待。

1. 大中型的集约化牧场

在大城市周边或具备集约化发展条件的区域或企业，应该提倡和鼓励适度的集约化养殖。目前国家还没有一个通用的集约化规模的标准，一般地说，猪场的基础母猪应不低于 300 头，蛋鸡场的规模应不低于 5 万只，肉禽场的规模应不低于单批 5 万只，奶牛场的规模应不低于 400 头。

在国家政策的大力推动下，集约化牧场的发展十分迅速，至 2014 年，集约化规模化猪场的数量已占全国猪场总数约 50%。对奶牛来说，2008 年以前，全国万头牧场不到 5 个，而截至 2014 年 8 月，全国进入运营的万头牧场已有 38 个，在建的 16 个。集约化牧场一般具备专业性强、养殖水平高、对新生事物较为敏感等优势，容易接受生态化养殖方面的知识培训并敢于尝试。所以说集约化牧场是发展生态养殖的"先行部队"，具有很强的带动示范效应。

2. 数目庞大的小型规模牧场

这是未来中国养殖业的主体层次，"小而专"是其基本特征。可以说小型规模化牧场从事的是社会化商品生产，不是自给自足的小农经济。采用的也是良种、良料、良法等现代技术，不是传统的方法，这是适合中国国情的规模化，是中国特色的现代畜牧业。由于是小型规模化，牧场主手中拥有多少资源，就力所能及地搞多大规模。不贪大求洋，不大兴土木。

小型规模牧场在畜牧业发达地区已经成为行业主体，如山东的肉禽、蛋禽，上海的奶牛、生猪等，这些小型规模牧场在养殖中的比重都超过 80% 以上。小型规模牧场多数是家庭企业特征，实践经验丰富但缺乏专业技术，对服务需求强烈，将是发展生态养殖的主战场。

3. 政府主导的养殖小区

2004 年中共中央 1 号文件提出了"鼓励乡村建设畜禽养殖小区"以来，全国各地的养殖小区如雨后春笋，迅猛发展。至 2009 年底，养殖小区数量已突破 10 万个。2010年农业部又发布"农业部关于加快推进畜禽标准化规模养殖的意见（农牧发 [2010] 6号）"，明确指出"力争到 2015 年，全国畜禽规模养殖比重在现有基础上再提高 10～15 个百分点，其中标准化规模养殖比重占规模养殖场的 50%"。养殖小区使分散的家庭养殖向集约化、标准化养殖转变，从而有效地控制动物疫病的发生和流行、杜绝滥用药物及添加物、确保畜产品的质量安全。

养殖小区一般特征是"五统一"、"四有"、"四良"："五统一"即统一规划用地、统一设计标准、统一建筑模式、统一饲养防疫、统一服务管理；"四有"即有环保设施、有防疫程序和制度、有管理组织机构、有管理制度；"四良"即良种、良舍、良法、良料。可以说养殖小区是最具有中国特色的一类养殖模式，是拥有明显"样板色彩"的另类合作社组织，具有较强的政府主导性，养殖集团与饲料企业是重要参与者和推动者。这是发展生态养殖的关键要塞和重要阵地。

4. 传统的庭院零散养殖

传统分散的、家庭式的、小规模散养方式在我国还普遍存在，特别是在西部地区、经济欠发达地区，在有些畜禽品种上还占据着主导地位，如肉牛和肉羊约占 60%，奶牛约占 40%，猪、蛋鸡还有约 20%～30%。

事实上庭院零散养殖是最接近生态养殖的一个层次，动物得到的福利待遇也是最高的，这与庭院养殖的半放养状态有关。广大消费者更喜欢购买"土鸡"、"山鸡蛋"、"笨猪肉"、"牛羊肉"等，从侧面反映了庭院养殖的生态化特征。生态养殖技术在散养层次上的推广必须简便、实用、见效快。

单元二 生态现象分析

学习目标

能够从生态学的角度分析身边的一些生态现象。

一、浒苔绿潮现象

2010 年 7 月，乘船出青岛奥帆基地不到 10 公里，只见大片大片的浒苔漂浮在海上，片状、条状、圆形，大的几百平方米，小的像张报纸，有的还夹杂着垃圾，船只过后绿浪翻滚。根据当地卫星、飞机、船舶以及海洋站等监测资料综合分析，在青岛南部

图 1-4　渔民围剿浒苔

海域有较大面积浒苔漂浮，覆盖面积约 460 平方千米，分布面积约 15300 平方千米。最北端外缘线已到千里岩。渔民围剿浒苔见图 1-4。浒苔连续第三年在山东沿海大面积出现，威胁沿岸旅游业和海水养殖业。试分析其生态学原因。

（提示：水体的富营养化现象。）

二、 板栗林的灭亡现象

在东北的一个地方，原本有一片茂密的树林，在其中有一小片板栗林存活，当把树林全部换上种板栗时，后种上的板栗没有存活，连带原本的小片板栗林也死了，用生态学原理分析解释一下这个现象。

（提示：从大环境小环境变化上分析，把树林全部换成板栗后，导致物种单一化，环境的抗干扰能力严重下降。）

三、 杂草现象

在城市人工草坪、农田里，常有大量杂草出现，而森林中这样的杂草却很少，请用生态学理论解释分析此现象。

（提示：杂草的生存条件；物种的演替顺序。）

四、"一山不容二虎" 现象

请用生态学原理解释"一山不容二虎"的现象。

（提示：能量的"十分之一定律"；种内竞争、生物的自疏现象。）

五、 森林物种的分层现象

森林中的物种在垂直方向上具有明显的分层现象，水域中，某些水生动物也有分层现象，请问这种分层现象的生态学意义是什么？

（提示：群落中各种群之间以及种群与环境之间相互竞争和相互选择的结果。）

六、 南极气候变化最大受害者——皇企鹅群落消失现象

在南极罗伊兹岬外，罗斯海成为了地球最南端的企鹅栖息地，那里生活着全球三分之一以上的阿德利企鹅和四分之一的皇企鹅。随着全球气候变暖，南极海冰逐渐消退。

生活于南极半岛的阿德利企鹅和皇企鹅等物种成为气候变化的最大受害者，它们未来的命运成为一个未知数。

（提示：全球气候变暖，南极冰川融化。）

作业

请列举自己所听到、看到的一些生态现象，并试着解释。

项目二
生态学基本原理分析

生态学（Ecology）是生物科学的基础学科之一。它是研究生物与生物及生物与环境之间相互关系及其作用机理的科学，是由德国生物学家 Ernst Haeckel（1834～1911年）在《有机体的普通形态学》一书中提出的。

Ecology 源于希腊文，由 Oikos（住所或生活所在地）与 Ologies（科学）组合而成，从词义也反映了这一学科是研究有机体与其周围环境关系的学科。

可以看出，生态学名词已产生百余年之久，但迅速发展是在近半个世纪以来。生态养殖更是新兴的一门技术，但发展很快。

20世纪70年代后，由于工业技术的飞速发展，农药化肥的大量使用，核武器试验和核能的广泛应用，带来了严重的破坏与污染，破坏了环境的生态平衡。随着人类生产活动和社会活动的深入发展，出现了世界性的"人口危机"、"粮食危机"、"能源危机"、"资源危机"和"环境污染危机"五大社会问题。1962年，美国海洋生物学家R. Carson发表了《寂静的春天》（Silent Spring）一书，生态学被从高楼深院中请了出来，以解决社会生活中所出现的一系列生态环境问题，迅速发展的生态学成为当代最活跃的前沿学科之一。

单元一 家畜与环境的关系

学习目标

了解家畜环境和生态因子的概念；

掌握主要生态因子在畜牧生产中的作用并能在实际生产中合理应用或控制这些因子从而为生产服务。

生物离不开环境，这里论述的环境，是指周围空间中对家畜生存具有直接或间接影响的各种条件（或因素）所组成的有机综合体，它包括大气圈、水圈、岩石圈和生物圈在一定空间内的实体。

外界的各种生物，包括牧草、树木、农作物、蚊蝇及其他各种昆虫、微生物等，构成了家畜的生物环境。空气、土壤、岩石、水、各种矿物质等，构成了非生物环境。生物环境与非生物环境的总和，叫自然环境。

家畜除了受自然环境的影响外，还在很大程度上受社会因素的影响。如人口增长情况、经济力量、农业制度、技术水平、经济政策等，都是对家畜具有决定性影响的外部条件。

可见，家畜的环境从广义来说，包括自然环境和人类社会环境两大部分。自然环境又可分为生物环境和非生物环境，前者指周围与家畜有关的一切动物与植物，后者则涉及大气圈、水圈和岩石圈。

家畜生存环境中的各个单一因素，叫环境因素或环境因子。各种因子中，有些对家畜的生存和发展具有明显的直接作用，在生态学中被称为生态因子；有些作用不明显或暂时没有关系，被称为非生态因子。

环境因子与生态因子既有联系又有区别。环境因子指生物有机体以外的所有环境要素，是构成环境的基本成分；生态因子则是环境要素中对生物的繁殖、生长、发育起作用的部分。

家畜的生态因子中，常有一种或两种居于特别重要的地位，对家畜起着决定的主导作用，被称为主导因子。主导因子的改变会引起生态因子的重大改变，而形成另一生态类型。

一、生物圈

1. 大气圈

大气圈指的是地球表面的大气层，由多种气体组成，根据其物理特性，可分为对流层、平流层、中间层、热层（电离层）和外大气层。大气圈为生物生存提供必需的氧、氮、氢、氩和二氧化碳等。大气层对地球具有重要保护作用：防止地球表面水分的逸失；减少地面热量的散发；防止宇宙射线对生物的伤害。

2. 水圈

水圈是地球表面水体的总称，包括海洋、河流、湖泊、沼泽、冰川和地下水。其中海洋水量占水圈总量的 97.2%，陆地水仅占 2.8%。所有生物都需要水，水是生物体的重要成分，没有水，生物就不可能存在。海洋里的藻类及其他植物，数量庞大，不仅给浮游动物提供了养分，而且吸收的二氧化碳和释放的氧气在数量上远比陆地上的植物多得多，因此对于稳定大气层的化学组成具有重要作用。

海洋里的生物资源十分丰富，仅鱼类和贝类每年就能给人类提供 20 亿吨，是动物蛋白的重要来源。

3. 岩石圈

岩石圈由地壳和地幔顶部的坚硬岩石所组成，厚约 70～100km。岩石圈的有些部分淹没在海水里，构成海底和暗礁；有些露出水面，成了岛屿、陆地和山脉。陆地的表层经过长期风化侵蚀和生物作用，逐步形成了不同类型的土壤。没有岩石圈即没有水圈和土壤圈。土壤给各种植物提供水分、矿物质和有机肥料，为动物和人类提供了食物和必要的生态条件。

大气圈、水圈和岩石圈不仅彼此紧密贴连着，而且相互不断地渗透，不断进行物质和能量的交换。

4. 生物圈

生物的种类繁多，它们分别生活在大气圈、水圈和岩石圈里。在一万米的高空，仍有细菌和真菌孢子；在地面以下 3000m 的深处仍可找到石油细菌。但绝大部分生物都生活在地球表面 100m 以内。

在自然地理学上，把生物集中生存的这一圈层叫做生物圈。它包括大气圈的底层、岩石圈的上层和整个水圈。生物圈实际上是一个非常复杂而又十分精巧的生态系统。家畜就是生活在具体的生态系统之中，受着大气、水体、岩石（土壤）等的复杂影响。

二、 自然环境

1. 气候因素

在气候因素中最主要的有以下几种。

（1）太阳辐射　是指太阳以辐射形式传递的能量，其中约有二十亿分之一到达地球。太阳辐射在地区分布上是随纬度的增加而递减，由于赤道地区云量大，太阳辐射受到一定程度削弱，因此在地球上辐射总量最大地区不在赤道，而在南北纬 20°左右处。太阳辐射在地球上的分布与变化，成为各地气候差异的根本原因。

（2）大气环流　是指地球上大气总的流动情况，它包括全球性的行星风系、大型季风环流、局部性的地方风系以及气旋、反气旋等。大气环流的存在，当冷暖空气相汇时，产生雨带，因此不同地区的空气质量、动能、热量和水汽等的互相交流，是形成各种天气和气候变化的主要因素。

（3）海陆分布　影响气候差异的另一原因是海洋与陆地的分布，因为海洋热容大，1cm² 海洋降 1℃，可使 300cm² 空气增温 1℃。海洋吸热、增温、放热和降温均很慢，所以对气温有调节作用。而大陆热容量小，增温、放热作用快，对大气的调节作用小，因此形成海洋性和大陆性气候。

（4）地貌因素　是指地面形状、高低、起伏、坡度、斜面，它们是构成不同地区环境特点的因素，也称"原生环境"，它对气候的形成有显著的影响。如海拔高度影响家畜的分布，高海拔地区存在高山反应，很多家畜在此不能生存。又如不同坡度的气象条件很不一致，以西南向斜坡的气温最高，北坡最低。风速最高是迎面风的斜坡两侧，最低是下风处倾斜面的底部。降雨量最多的是下风处的两侧倾斜面，最少是迎风面的倾斜面。因此在坡地放牧比在平原地环境复杂。放牧的坡度极限随家畜的种类和品种不同而异，一般认为山羊是 45°，牛是 30°，马和绵羊是 25°，猪是 20°，奶牛是 10°～15°。

2. 土壤、植被与饲料

土壤是自然环境中的重要因素，它直接或间接地影响家畜的生产。土壤可为植物提供矿物质元素和水分，是生态系统中物质和能量交换的重要场所。我国土壤分布，随纬度呈地带性变化，从东向西南依次是温带棕色针叶森林土、棕色森林土、灰色森林土、褐土、棕壤，过渡到亚热带的黄棕壤、黄壤、红壤；热带为赤红壤、砖红壤。有机质从北而南逐渐减少，质地黏重，结构不良，耕性差。一般来说，秦岭以北为碱性土，以南为酸性土，在酸性土壤中，含钙量低，活性铝越来越多，使土壤磷酸固定，因此植物普遍缺钙和磷，有些地区缺钴，有些地区缺碘，从而引起家畜出现相应的缺乏症。

牧草、饲料是畜牧业生产的物质基础。天然草地和天然植被及牧草资源为饲养及繁衍各种放牧家畜提供了可能，对畜种和数量的分布及畜产品的质量产生直接的影响。从各方面资料来看，温带平原草甸与草甸草原宜役肉兼用牛的发展；干草草原利于发展细毛羊与马，荒漠宜绵羊、山羊与骆驼的发展；高寒草原宜发展牦牛和犏牛；亚热带山地的草甸可发展役牛、山羊，经过改良的牧草可发展兼用牛、山羊等。

农区的饲料中，精料主要来源于农作物的谷粒及其饼粕、糠、麸；粗饲料主要是作物秸秆、青绿多汁饲料和草山草坡，专业化饲料和牧草栽培比重很少。所以要合理开发饲料资源，解决好人畜争粮问题。

三、 人工环境

人工环境是指经人为因素的作用，某些因素发生局部变化的环境。它可以扩大环境与生物的相互适应，因此人工环境又称次生环境或第二次环境。

1. 温度的生态作用

温度对生物的生长发育等生理生化活动能产生深刻影响，对生物的分布及数量等也有一定的决定作用。

一年内最热月和最冷月平均温度的差值为年较差。每日气温最高值和最低值的差值为日较差。二者均受纬度的影响，随纬度增加，年变幅增大，而日较差减小。

在自然生态因素中，温度是直接或间接影响畜禽生长发育、繁殖、生活状态及生产力的最重要的生态因素，是环境控制中最主要的问题。

（1）家畜的等热区、舒适区和临界温度　畜禽是恒温动物，它的体温必须保持在适度的狭窄范围内（表2-1），以进行正常生理活动。而气温在不同纬度，不同海拔高度，甚至在同一地区的不同季节，或在同一天的不同时间均有差异。而不同的种、品种、品系和个体，随年龄、营养和生理状况对环境温度的要求也不同。

表 2-1　畜禽的正常体温

畜禽种类	正常体温/℃		畜禽种类	正常体温/℃	
	平均	范围		平均	范围
马(雄)	37.6	37.2~38.1	绵羊	39.1	38.3~39.9
马(雌)	37.8	37.3~38.2	山羊	39.1	38.5~39.7
奶牛(雌)	38.6	38.0~39.3	猪	39.2	38.7~39.8
肉牛(雌)	38.3	36.7~39.1	鸡	41.7	40.6~43.0

当环境温度在一定适中范围内，畜禽仅依靠物理调节机能，即能维持体温的稳定，不需动用化学机能进行调节，这个温度范围称"等热区"（图2-1）。

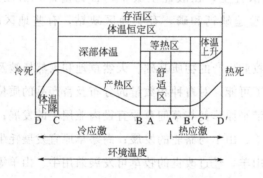

图 2-1　环境温度与体温调节示意图

A—A'为舒适区；B为临界温度；B—B'为物理调节区；B—C为化学调节区；C—C'为体温调节恒定区；C'为过高温度；C为极限温度；D—C为体温下降区；C'—D'为体温上升区

在等热区内，最适合畜禽生产性能发挥的温度范围，称舒适区。在舒适区内，畜禽产热最少，除了基础代谢产热外，用于维持的能量消耗下降到最低限度。这时畜禽饲料利用率和生产力最高，抗病力最强、饲养成本最低，是经营最有利的温度。

当环境温度下降时，散热量增加，必须提高代谢率以维持体温，而进入化学调节体温阶段，这时的环境温度称为下限临界温度。当环境温度升高，机体散热受阻，物理调节作用不能维持机体的热平衡，体温升高，代谢率也提高。这种引起代谢率提高的外界环境温度，称为上限临界温度。

各种畜禽的等热区和临界温度是制订不同畜舍适宜温度的标准，也是修建畜舍热工设计的理论依据。

当环境温度进入极限温度，即畜禽依靠化学和物理调节来维持正常体温的终点环境温度，过低温度称"冷极限"，过高温度称"热极限"。如环境温度继续下降或上升，则畜禽发生冻死或热死。各种家畜的等热区见表 2-2。

表 2-2 各种家畜的等热区 单位:℃

家畜种类	等热区	家畜种类	等热区
牛	10～15	狗	15～25
猪	20～23	大鼠	39～31
羊	10～20	兔	15～25

（引自：冯春霞. 家畜环境卫生. 中国农业出版社，2001）

（2）气温对畜禽健康及生产力的影响 气温的高低会直接或间接影响畜禽的健康。畜禽在高温环境下，呼吸急速，在严重的热应激情况下，由于过度呼吸会导致动物肺部损伤，表现为肺充血，使呼吸系统功能降低；心跳加快，使心脏负担加重，严重时会造成心肌功能衰退。高温使动物血液流向皮肤，导致消化系统供血不足，动物消化吸收营养物质的能力降低。因此，在高温环境中，动物食欲减退，消化不良，胃肠道疾病增多。高温还抑制中枢神经系统的运动区，使机体动作的准确性、协调性和反应速度降低。

在低温环境中，动物的心率下降，脉搏减弱；畜体末端部位组织因供血不足会被冻伤，甚至冻死。低温环境对家畜上呼吸道黏膜具有刺激作用，气管炎、支气管炎和肺炎等都与冷刺激有关。低温可引起羔羊肠痉挛、各种畜禽感冒。新生畜禽，由于体温调节机能发育尚未完善，受低温的不良影响更大。

气温还可通过对饲料或病原体等的作用而间接影响畜禽健康。如高温高湿使饲料霉变，动物误食后会发生中毒、流产等现象；低温时，畜禽若采食冰冻的根茎、青贮等饲料，则会引起胃肠炎、下痢等，严重时也可使孕畜流产。另外，在温湿度适宜的情况下，各种病原微生物和寄生虫会大量繁殖，如牛羊的腐蹄病、炭疽病、气肿病、传染性角膜炎、球虫病等多发生于高温高湿的季节，而低温则有利于流感、牛痘和新城疫病毒的生存，对这些疾病的流行趋势应特别加以重视，以减少对畜禽健康的影响。

① 气温对生长肥育的影响 在等热区内，畜禽生长发育最快，肥育效果最佳。在等热区外，畜禽生长缓慢、增重降低、饲料报酬下降。猪的体重和最大增重速度的气温呈线性关系：

$$t = -0.06W + 26$$

式中，t 为最大增重速度的气温，℃；W 为猪体重，kg。据公式计算，45kg 重猪的最大增重速度的气温是 23.3℃，100kg 猪是 20℃。试验表明，21℃是猪生长肥育期日增重和饲料利用率的最适温度。环境温度为 8～20℃时，草食家畜的增膘速度最快。肉仔鸡自 4 周龄至出栏，18～24℃时增重效果最佳。

② 气温对繁殖力的影响 气温季节性变化，明显地影响家畜的繁殖性能。气温过高，对许多家畜的繁殖机能都有不良影响。在一般气温条件下，哺乳动物睾丸的温度约比体温低 4～7℃，这是最有利于精子生成的温度。但在高温和高湿的环境中，当睾丸

温度上升到 36℃ 以上，就会引起生殖上皮变性，在精细管和附睾中的精子也会受到伤害，这是造成繁殖力下降的主要原因。高温对母畜来说，其不良影响主要是在配种前后的一段时期中，特别是在配种后，胚胎着床于子宫前的若干天内，将是引起胚胎死亡的关键时期。妊娠期高温会引起初生仔畜体型变小，生活力下降，死亡率上升。母畜的受胎率和产仔数与气温呈显著的负相关。高温能缩短母牛发情持续期，并使发情不明显。母禽产蛋受精率与产蛋量的季节性变化相似，以春季最高，夏季下降。

在饲养条件比较好的情况下，低温对繁殖力影响较小。但强烈的冷应激也会导致繁殖力降低。温度过低可抑制公鸡睾丸的生长，延长成年公鸡精子的产生时间。在低温中培育的小母鸡，性成熟期比在适温或高温中培育的小母鸡性成熟期延迟。气温过低还会影响种蛋的孵化率。

③ 气温对产蛋与蛋品质的影响　气温过高、过低对蛋鸡的生产性能均有影响。在高温条件下，产蛋数、蛋大小和蛋重都下降，蛋壳也变薄，同时采食量减少。温度过低，亦会使产蛋量下降，但蛋较大，蛋壳质量不受影响。蛋重对温度的反应比产蛋率敏感，如气温从 21℃ 升高到 29℃ 时，对产蛋率尚无明显影响，但蛋重已显著下降。集约化饲养蛋鸡最适宜的温度为 21℃（13~23℃）。鸡对气温的反应因品种而异，一般重型品种较耐寒，轻型品种较耐热。

④ 气温对产乳量和乳成分的影响　气温对奶牛泌乳量的影响与牛的品种、体型大小以及牛群对气候的风土驯化程度有关（表 2-3）。欧洲品种奶牛在高温季节时，其产乳量显著下降，如荷兰牛泌乳量的适温为 10℃，高于这个气温泌乳量就逐渐下降，上升到 25℃ 以上时，下降趋势加剧，超过 20℃ 时泌乳量甚至减半。低温时，荷兰牛长期处在 -12℃ 时，泌乳没有下降，但娟姗牛在 -1.1℃ 就开始下降。

表 2-3　温度和湿度对产乳量的影响[①]

温度/℃	相对湿度/%	荷斯坦牛产乳量/%	娟姗牛产乳量/%	瑞士黄牛产乳量/%
24	38(低)	100	100	100
24	76(高)	96	99	99
34	46(低)	63	68	84
34	80(高)	41	56	71

注：①以 24℃ 相对湿度 38% 时的产乳量作为 100%。

（引自：李蕴玉. 养殖场环境卫生与控制. 高等教育出版社，2002）

气温升高时，乳脂率下降，气温从 10℃ 上升到 29.4℃，乳脂率平均下降 0.3%。如果温度继续上升，产乳量将急剧下降，乳脂率却又异常地上升。一年中的不同季节，乳脂率的变化也较大，夏季最低，冬季最高。

2. 光的生态作用

光是太阳的辐射能以电磁波的形式，投射到地球表面上的辐射线。据估计，一年内整个地球可由太阳辐射获得 54.4×10^{24} J 热量。因此，太阳辐射能是地球上一切能量（除核能外）的最终来源。生态系统内部的平衡状态是建立在能量基础上的，绿色植物的光合系统是太阳能以化学能的形式进入生态系统的唯一通路，也是食物链的起点，生态金字塔的塔基。

（1）光质对生物的生态作用　可见光对动物的生殖、生长、发育、体色变化及毛羽更换等都有影响，如春天生殖的鸟、兽，光可促进其生殖腺机能活跃；可见光的照射还可改变某些昆虫的体色，如将一种蛱蝶养在光照和黑暗的环境下，生长在光照环境中的蛱蝶体色变淡，而生长在黑暗环境中的，体色变暗。

另有实验表明，红光有利于碳水化合物的合成，蓝光有利于蛋白质的合成。

（2）光强对生物的生态作用　光照强度对动植物的生长发育和形态形成有重要作用。例如蛙卵在有光的情况下孵化快，发育也快；而贻贝则在黑暗情况下长得较快。又如，蚜虫在连续有光或连续无光的条件下，产生的多为无翅个体，但在光暗交替条件下，则产生较多的有翅个体。

（3）光照时间对生物的生态作用　实验证明，延长光照时间对鸟兽、鱼类、两栖类、爬行类生殖活动有作用，同时对怀孕期也有影响，而对于山羊、绵羊、鹿，缩短光照时间，才能引起性的活动。

日长变化与动物的繁殖、迁移、休眠、换羽等紧密相连。

由于日照时间的周期性变化，使畜禽的繁殖规律发生相应的变化，牛、猪、鸡等全年均能繁殖；而马、绵羊、山羊为季节性繁殖动物，它们的性腺活动如发情、妊娠等均受日照时间的周期性变化即光周期所支配，也与气温、营养等综合因素有关。

产蛋鸡产蛋春季多而秋冬季少，也是光照时数受季节性变化的结果。产蛋鸡从上一个排卵到下一个排卵的间隔时间在 25～27h，因此正确应用人工光照方法来提高禽蛋产量，已成为养禽业普遍采用的措施。人工光照，一般使用光期 15h，暗期 9h 的照射方法，是比较适宜的。也有人应用 3h 光照，2h 黑暗，进行重复周期照明，发现雏鸡生长较快，饲料利用率高。

光照度不要太强，否则易发生啄癖，一般认为以饲槽水平 10～16lx 为宜。

不同光波对鸡也有影响。一般认为在群饲笼养或大群平养条件下，白色光可诱发鸡的争斗，红色光则有抑制作用，可防啄癖（啄尻）。

3. 湿度、风速对生物的生态作用

湿度与风速，与家畜的蒸发和散热有关。在高湿环境下，畜舍内温度高，对热调节非常不利，促使家畜体温进一步上升，导致皮肤充血，呼吸困难，中枢神经机能失调；在低温条件下，湿度过高有加快非蒸发散热的作用，使家畜的辐射散热大大增加，使寒冷的危害加剧，导致各种呼吸道疾病、风湿病、关节炎、感冒等疾病发生。畜舍的潮湿还与家畜的排粪尿和生产管理污水有关。要排除畜舍大量水汽，就必须加大通风。冬季加大通风，影响畜舍的保温，采用人工取暖，则增加生产成本，因此清粪排水在畜舍管理和设计上是一项很重要的工作。

风能改变家畜的散热情况，在高热条件下，它加快了蒸发和对流散热，有利于消暑，在低温下，加速对流散热，使寒冷更严峻。

舍饲家畜实行通风换气，在高温的条件下，通过加大气流可缓和高温高湿对家畜的危害，增加舒适感；在封闭式畜舍内，通过通风换气可排除舍内污浊空气，有除尘、杀菌、净化空气的作用。寒冷地区，冬季通风换气是一个比较难以解决的问题，由于舍内外温差太大，稍一换气，舍内温度骤降。在南方湿热气候区，炎夏的高温季节，舍外常在35~40℃以上，对于汗腺发育不好或无汗腺的家畜，闷热难受，生产性能急剧下降。

因此，要保证畜舍通风换气良好，就必须从场址选择、畜舍布局和朝向确定，畜舍设计以及通风换气设备的选择与安装，改革饲养管理工艺等环节上加以全面考虑，合理安排。

4. 舍外环境与舍内环境

舍外环境状况基本上可以左右舍内环境，如果舍外环境经常处在等热区或舒适区，则人工控制环境就完全没有必要了。舍外环境如何，主要决定于各地自然生态条件，而如何因势利导，搞好舍外局部环境，提高防御能力，则必须从整体出发合理安排。

（1）场址选择

① 畜牧场址要选择在高燥开阔、向阳通风的地方，场址周围要广泛种树植草，以遮阴、降温、调节湿度。

② 要重视卫生防疫条件，场址应远离人群密集区和旅游区，减少噪声和空气中的尘埃对场址卫生条件的影响。

③ 场址应在居民点下风口，以避免畜禽粪的氨气、硫化氢、甲烷和其他气体以及污水等对周围环境的污染。

④ 要靠近水源、电力、交通运输等方便的地区。

（2）畜舍朝向　我国位于北纬20°~50°，太阳高度角冬季小，夏季大；同时受亚洲东南季风的影响，冬季多东北风或西北风，夏季为东南风。因此畜舍朝向以长轴与纬度平行为宜。这样夏季可防止阳光直接照入舍内，并有利于自然通风，冬季有利于阳光照入畜舍深处，防止冷风侵袭。所以要使畜舍的正面墙作西北东南走向设计，使侧面墙向着正南大约10°的方位安排。

此外，舍内温度也要控制好，夏季防暑降温，冬季保温防风，这样才能使家畜的生产性能得以充分发挥。

四、 家畜与环境的相互影响

1. 家畜对环境的影响

联合国粮食及农业组织的报告认为，畜牧生产加剧了世界最紧迫的环境问题，这些问题包括全球变暖、土地退化、空气和水污染以及生物多样性的丧失。

（1）占用耕地，造成草地退化　畜牧部门是迄今最大的土地单一用户。放牧活动占用了地球陆地面积的26%，而饲料作物的生产则需要全部可耕地的大约三分之一。用于家畜饲养的牧场的扩展是导致毁林的主要因素，特别是在拉丁美洲，在亚马逊地区有大约70%曾是林地的面积，被用作牧场，而其余部分大多由饲料作物所覆盖。干旱地区约70%的牧场被视为退化，主要因为过度放牧、家畜养殖活动造成的土地板结和侵蚀。

（2）排放温室气体　联合国粮食及农业组织估计，家畜应对18%的温室气体排放承担责任，其比例超过运输所承担的责任。它占人为二氧化碳排放量的9%，其中大部分是由于草场和用来生产饲料作物的可耕地的扩大而导致的，而且在排放其他更有可能导致大气变暖的气体方面，它所占的比例更大，主要来自反刍动物肠内发酵的甲烷，所占比例高达37%，以及主要来自厩肥的二氧化氮的比例达到65%。

（3）家畜废弃物对环境的污染　畜牧生产是最大的水污染源，主要是动物粪便、抗生素、激素、用于饲料作物的肥料和农药以及受侵蚀牧场的沉积物。据估算，美国家畜和饲料作物的生产占杀虫剂用量的37%，占抗生素用量的50%，占淡水资源中氮和磷含量的三分之一。畜牧生产对世界的水供应产生严重影响，占用全球人类用水量的8%以上。畜牧生产也对空气环境造成污染。家畜饲养过程中产生的氨，对酸雨和生态系统的酸化现象负有极大的责任。

（4）对生物多样性形成威胁　供人类消费而养殖的家畜的绝对数量也对地球的生物多样性形成威胁。家畜占陆地动物总生物量的大约20%，而它们现在占用的土地曾经是野生动物的栖息地。在世界自然基金会确定的825个陆地生态区中，有306个生态区的家畜被确认为"当前的威胁"，而在国际保护组织所规定的，以生态环境损失的严重程度为特点的35个"全球生物多样性热点"中，有23个受到畜牧生产的影响。

2. 环境对家畜的作用

畜禽养殖离不开环境，环境影响着家畜品种的形成、家畜的生活习性、体格和体型，畜舍小气候环境的好坏，直接影响着畜禽生产性能的高低和生存健康的好坏。

家畜接触的环境是不断变化的。当环境变化在家畜的适应范围之内时，家畜可以通过自身的调节而保持适应，因而能够保持正常的生理机能和生产性能。如果环境因子的变化超出了适宜范围，机体就必须动员体内防御能力，以克服环境变化的不良影响，使机体保持体内的平衡。

单元二　生态因子作用的一般规律

学习目标

通过课堂讲解及课外资料查询掌握生态因子作用的特征和规律。

一、 最小因子定律

最小因子定律是由 19 世纪德国著名化学家利比希（Justus von Liebig）提出来的。他在研究各种因子对植物生长的影响时发现："植物的生长决定于它所获得的养分中数量相对最少的那一种。"这里所说的数量相对最少，是指实际获得量与植物需要量的比值。在植物所需要的各种营养物质中，如果有一种达不到需要量，尽管其他各养分都满足甚至超过了需要，这一不足的养分就成了最小因子，使植物的生长受到限制。他的这一主张，被称为利比希最小因子定律。

利比希还注意到，农民生产的农产品被大量销往城市，这实际上是把农产品在形成时从土壤中吸收的养分运走了；而以厩肥形式归还给土壤的，只是秸秆、秕糠所含的物质。因此，土壤所支出的物质没有完全得到补充。如磷主要在籽实中，被运往了城市，所以土壤中缺磷，磷成了最小因子，所以要施磷肥。

利比希定律在家畜饲养中同样具有十分重要的意义。饲料中缺乏某种氨基酸或微量元素、维生素时，家畜的饲料转化率降低，生长发育、生产性能受影响。如猪需 10 种必需氨基酸，如果 9 种供应 100%，赖氨酸只供应 65%，则赖氨酸成了最小因子，使日粮氨基酸的利用率全都降低为 65%。由此可见全价饲料的优越性。

后来，奥德姆（Odum，1973）等认为，利比希最小因子定律还须补充两个补助原理。

① 利比希理论必须在能量流动与物质循环处在平衡状态下才能适用。如环境发生剧烈变化，许多因素受到干扰下，就不能套用此理论。

② 注意因子的相互作用。即当一个特定因子处于最小量状态时，其他处于高浓度或过量状态下的物质，可能具有替代作用，以替代这一特定因子的不足，至少是化学性质上接近的元素能替代一部分。例如在锶丰富的地方，软体动物能在它们的贝壳内用锶代替一部分钙。

将以上归纳总结，利比希最小因子定律可以概括为：生物生长、繁殖所必需的基本物质，随生物的种类和生活状况而异。在稳定的条件下，当某种物质的可利用量紧密地接近于生物所需要的最低量时，这种物质就会起限制的作用，严重地影响生物的生长和繁殖。

二、 耐受性定律

不仅一种物质或条件的量太少能限制有机体的生存与繁荣，太多同样也能限制有机体的繁盛。每一种生物对每种环境因子都有一个适应范围，这个范围的上限，即是生态学的最大量，下限即是最小量；上限与下限之间的幅度就是耐受限度。在耐受限度范围内，有一个最适合于该种生物的区域，称最适范围，如图 2-2 所示。

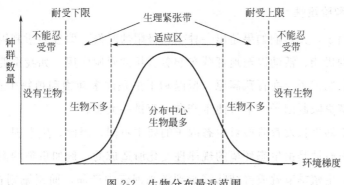

图 2-2　生物分布最适范围

1913 年，谢尔福德（V. E. Shelford）将上述概念归纳为耐受性定律。

耐受性定律可以概括为以下几点。

① 每一种生物对各种生态因子，都有一个耐受限度和最适范围。耐受限度和最适范围并不固定，在同一物种内，随品种、个体、年龄、生理状况而异。

② 一种生物可能对一个因子的耐受限度较广，而对另一因子的耐受限度较窄。

③ 对所有环境因子的耐受限度都很广的生物，一般它的分布也广。

④ 当一个物种的某一个生态因子处在最适范围之外时，该物种对另一些生态因子的耐受限度将会下降。如土壤中含氮量有限时，牧草对干旱的抵抗力也下降。

⑤ 生物在某些特定环境因子最适范围外时，其他因子就显得比较重要。

⑥ 生物在繁殖阶段，环境因子的限制作用特别明显。繁殖的个体、种子、卵、胚胎和幼体等的耐受限度，比非繁殖期的植物或动物要狭窄些。

在畜牧业生产中，为了充分发挥畜禽的遗传潜力，搞清各种畜禽对各类环境因子的耐受限度和最适范围，对于畜禽引种、养殖生产中的饲养管理以及环境控制措施的制定都具有重要的作用。

三、　生态因子作用的一般特征

1. 综合性

各种环境因子彼此相互联系、相互影响，它们并非分别地、单独地作用于有机体，而是综合地对生物发生作用。只是有的直接，有的间接；有的重要，有的不重要；有的主要，有的次要。任何一个单因子的变化，都可能引起其他因子不同程度的变化及其反作用。因此在进行生态分析时，不能只片面地注意到某一生态因子而忽略其他因子。如家畜在一定环境中的热感或冷感，往往是空气温度、湿度、风和畜群密度等生态因子综合作用的结果。又如培育幼雏，温度、湿度、气流、光照都是具有直接影响的因素，但在初期温度是决定性因素，而随日龄增长，光照作用越来越突出。

2. 限制性和阶段性

某种环境因子，其影响如果超出一种生物极限的时候，即成为限制因子。这种环境因子，对生物的机能、活动以至地理分布起着直接的限制作用。如我国北方的寒冷气候是水牛北移的限制因子；在青藏高原，低温和干旱是许多动物和植物生存的限制因子。生产实践中，解决限制因子，常可使生产向前迈进一大步。

由于生物不同生长发育阶段对生态因子的要求不同，因此，生态因子的作用也具有阶段性，这种阶段性是由生态环境的规律性变化所造成的。例如鱼类的洄游，大马哈鱼生活在海洋中，生殖季节就成群结队洄游到淡水河流中产卵，而鳗鲡则在淡水中生活，洄游到海洋中去生殖。

3. 不可替代性和可调剂性

环境中各种生态因子对生物的作用虽然不尽相同，但都各具有重要性，尤其是作为主导因子的因子，如果缺少，便会影响生物的正常生长发育，甚至造成其生病或死亡。所以从总体上来说生态因子是不可替代的，但是局部是能补偿的。以植物光合作用为例，如果光照不足，可以增加二氧化碳的量来补足；软体动物在锶多的地方，能利用锶来补偿钙的不足。生态因子的补偿作用只能在一定范围内作部分补偿，而不能以一个因子来代替另一个因子，且因子之间的补偿作用也不是经常存在的。

4. 非等价性

各种生态因子对生物的作用，在一定条件下有直接和间接、主要和次要、重要和不重要之分，是非等价的，而且在特定条件下，其作用的大小和重要性往往又会发生变化。其中起主要作用的生态因子就是主导因子，主导因子的改变常会引起其他生态因子发生明显变化或使家畜的生长发育、生产性能或产品品质发生明显变化。例如，蛋鸡饲养管理中，温度、湿度、气流、光照等均直接影响其生长发育和生产性能，可是在雏鸡饲养阶段，温度是主要的、起决定性作用的因子，而随着日龄的增长，温度的作用逐渐下降，光照的作用却日益显著。

单元三 家畜的适应与应激

学习目标

了解家畜适应的基本理论，并能够根据适应的原理合理进行畜禽的引种工作；

能够采取合理措施预防畜禽生产中各种应激的发生。

一、家畜的适应

1. 适应的概念

家畜是遗传、环境和选择共同作用的产物。

所谓适应是指生物（家畜）对变化了的环境条件，产生形态、生理和遗传的反应，从而使有机体与环境条件，保持动态平衡而生存的能力。

畜禽对生态因子的变化所表现的耐受程度各有不同。有的能够耐受较大幅度的变化，而且生产性能没有多大下降，亦即适应能力强；有的对变化了的条件很敏感，很容易产生应激反应，说明适应能力较差。适应范围越少的生物，生存和繁殖的机会就越多，因而其生物学特性就会得到更好的保存。

良好的适应表现为：在不利的条件下（如营养缺乏、产后应激、运输应激等）体重下降最少，繁殖力不受影响，幼畜生长发育影响不大，抗病力强，发病率低，生产能力正常。

总的来说，一般动物是以生存与繁殖两项作为主要衡量适应的指标，而对家畜来说，要以生产性能稳定或下降来衡量适应性的好坏。

2. 适应的基本原理

（1）格罗杰（Gloger，1833）法则　格罗杰法则主要阐述的是动物皮毛色素与气候的关系。格罗杰认为，生活在温暖潮湿地区的哺乳动物及鸟类，其皮肤中的黑色素多；生活在干旱地区的动物则黄色与红棕色的色素多。他特别强调温度和湿度的共同作用，随着温度的递增，皮脂分泌增多，使被毛有了反射性与保护性的光泽，能更好地防御太阳辐射。需要指出的是在长期自然选择与人工选择中，畜禽的毛色也与人们的喜爱和生产需要密切相关。

（2）伯格曼（Bergmann，1841）法则和艾伦（Allen，1877）法则

① 伯格曼法则　主要阐述的是动物体格大小与温度的关系。同种恒温动物，居住在热带的体型较小，而居住在寒带的体型较大，而且体型趋近于圆形。

② 艾伦法则　同种动物，生活在炎热地区的，体表面积相对较大；生活在寒冷地区的，体表面积相对较小。寒带动物身体末梢部位如四肢、耳朵、尾巴等较小，以减少散热；热带动物这些部位则较大，以增加散热的体表面积。

（3）威尔逊（Wilson，1854）法则　威尔逊法则主要阐述的是动物体表绝缘层与温度的关系。寒冷地区的动物具有较密、较厚的被毛和很厚的皮下组织；炎热地区动物，毛短，轻而且有光泽。即动物的粗毛量与温度呈正比，而绒毛量则与温度呈反比。

（4）伯纳德（Bernard，1876）法则　伯纳德法则主要阐述的是动物血液循环与气候的关系。

伯纳德认为：随着气候的变化，畜体内部也呈现一定反应与变化。动物身体的外周部位的温度，是借助血液循环来进行调节的。他研究时发现，兔子耳朵的血管在炎热时血流量增加以加快散热，寒冷时则减缓血流量以保持体温。后来芬德里提出，牛及其他动物也都具有这种"血管调节机能"，所以其身体的外周末梢部位能够耐受极低的温度。

3. 适应过程的调节

适应调节的目的是要达到体内的平衡，即达到热平衡、化学平衡和循环平衡。动物最重要的适应调节系统是神经系统和内分泌系统。中枢神经系统是体内平衡最重要的调节者，它接受外周温度感受器（皮肤接受器）和内部温度感受器（下丘脑、脊髓、胃肠道）传来的信息，并将与定点温度相比较，然后指令产生神经的、生化的（激素）和行为的反应。在动物的适应性反应中，行为的、心脏血管和呼吸的反应属于快速反应，而内分泌、酶和代谢反应属于缓慢反应。例如，动物在寒冷的气候条件下，首先出现的是物理性适应表现，若温度下降到临界温度以下，则出现化学性热调节反应。具体表现为：行为上表现出蜷缩、打堆、寒战等；生理变化则有外周血流量减少、被毛竖立、毛孔收缩、甲状腺素含量升高等；当动物长期生活于寒冷环境中时，遗传物质发生定向改变，体形外貌和生理功能也随之出现适应性改变，其变化特点总的说来与炎热环境下相反。

4. 适应的类型

家畜的适应有表型适应和遗传适应，表型适应又分为形态适应和生理适应。

（1）表型适应 也称生物学适应。表型是生物外部表现的形状，包括形态、结构、生产性能、繁殖性能及其他生理机能。表型适应就是在外部环境发生变化时生物表象性状发生的有利于生存的反应，表现为行为、生物化学、生理机能、组织与解剖及形态等方面，如炎热条件下的牛体型变小等。表型适应是基因型改变与环境变化共同作用的结果。表型适应一般是动物个体在生命过程中对外界环境所产生的反应，这些反应可以是短暂的（数小时、数天或数个月），也可以持续数年甚至终生。但是动物的基因没有改变，这些反应只能存在于个体的生命过程中，而不能遗传给后代。

① 形态适应

a. 体格与体表 在同样条件下，温血动物散热大致与其表面积成正比。体型类似的动物，体格愈大体表面积相对愈小，有利于抗寒。体格较小的动物散热的体表面积相对较大，有利于在炎热的环境中生存。

需要注意的是，动物散热的难易程度还决定于其皮肤的结构特性。水牛的皮肤面积与黄牛相似，但汗腺密度仅及黄牛的六分之一，因而其皮肤散热机能差，气温高时就要靠浸水来散热。

b. 腿、脚与耳 生活在沙漠地区的动物（如骆驼、驴），通常腿特别长，因而其腹部与地面的距离加大，可减少地表辐射热的影响。同时腿长还便于其长途跋涉，寻找食物和水源。如索马里骆驼能行走 500km，瘤牛也能行走 26km 寻找水源。腿长还使其采食上灌木林的嫩枝与嫩叶。

骆驼的蹄下有厚度可达 1cm 的角质垫，并有大量黑色素，可以防阻沙粒的热量传递。在每一趾骨外面有三个梭状垫（直径 2～4cm 的坚实弹性组织），使骆驼能够在热而深的流动沙粒上行走自如。牛、羊体重由两趾承担，因此便于在硬地、泥泞地及曲丘上行走。水牛蹄圆而宽，便于在泥泞及沼泽地中行走。马、驴由第三趾和蹄承担体重，且第三趾骨很发达，使其适应于在硬的地面甚至碎石地奔跑。马、鹿的蹄具有巨大而平坦的底面，适宜于在雪地上行走。

有些动物耳朵有许多动静脉吻合管，可使血液能迅速通过耳朵，也能使流过的血液迅速转向，而且转向或分流能够定期开动，间歇地以温血供应局部组织。如兔子耳朵的血管，既可起散热作用，又可起保温作用。

c. 嘴与消化道　马嘴具有高度敏感的、强有力的、运动灵活的上唇，采食时，能将草放在上下门齿间。牛的舌长而坚实，运动灵活，表面粗糙。放牧时，牛舌伸展并环绕牧草，把草卷入口中。羊的上唇裂开，使其能啃很短的草。猪有一尖型下唇，便于拱地时采食。骆驼的上唇很敏感，能拣食矮小的植物，在嘴的周围有特别硬的组织，采食时不被带刺的植物刺破，口内黏膜也有厚的鳞状组织和长 1～2cm 的乳突，可抗御带刺食物的刺伤。

肉食动物的消化道与体长相比比较短。这是因为其食物富于营养，可消化程度高。杂食动物的消化道比较长。例如，驯化了的家猪能食入并消化大量饲料，其小肠和大肠的长度比野猪长得多。反刍动物的消化道，适应于体积大而营养差的饲料，而瘤胃就成为借助微生物分解粗纤维的场所。单胃草食动物（如马）的消化道则为对于粗纤维有较强消化力的盲肠。

d. 体被　体被由皮肤及其附着物（如毛、蹄、羽毛、皮脂腺及汗腺等）组成。

皮肤颜色：动物对太阳辐射的适应性，与皮肤色素的存在与否密切相关。生活在温暖及潮湿地区的家畜，色素比寒冷干燥地区者深，皮肤内的各种黑色素能吸收或完全吸收紫外线。因此，家畜有色素的眼睑比无色素的白眼睑患眼癌的机会少。如海福特牛，头部及脸部白色，眼睑缺乏色素，因而最易感染眼癌，在太阳照射强烈的地区更为严重。开始发病时表现为轻度的眼结膜炎或眼睑炎，后发展为眼癌。

皮肤厚度：一般情况下，生长在温带、热带的家畜皮肤薄，生活在寒冷条件下的家畜皮肤厚。同种家畜，皮肤的厚度也会随季节而变化。例如前苏联研究人员研究表明，牛的皮肤冬季增厚约 10%（从 7.9mm 增到 8.9mm）。皮肤厚薄因动物种类不同而有区别。生长在热带的动物，如大象同样具有厚皮肤，这些动物的厚皮肤不但不影响散热，反而可作为阻止辐射热从外部透入机体的屏障。此外，皮肤厚度也可防止外寄生虫的侵袭，防护带刺植物。

被毛：家畜的被毛不但有保温作用，而且在高温环境下具有隔热的作用。被毛的隔热性能与被毛的颜色、光泽、厚度、密度以及毛发类型等有关。在直接阳光照射下，黑毛温度比白毛高，因为黑色被毛吸收的太阳辐射热量为白色被毛的 2 倍。在热带 35℃气温条件下，被毛长度与结构相同的牛受太阳辐射时，深棕色牛的表面被毛温度比白色的高 4℃。如牛的被毛厚度在 2mm 以下，则白毛牛的皮温反而比棕毛牛高 1℃，这是由于棕色被毛牛排汗较多，通过汗而排出的水分比白毛牛多 7％之故。有被毛的动物，其乳房、腹股沟及腋部常不长毛，这有利于机体散热。

汗腺：水牛通常是通过呼吸来散发体热的。在炎热情况下（29℃以上），水牛就要到水中浸浴来散发多余的体热。因为其汗腺不发达，通过出汗方式只能散发少量体热。鸟类没有汗腺，狗的机能性汗腺很少（除脚趾外），均靠喘气来实现蒸发散热。

e. 脂肪组织　动物积蓄的脂肪不仅能使动物度过极度饥饿期，而且具有绝缘作用。因此，不论是在热带或寒带，脂肪的积贮都是必需的。生活于干旱地区的绵羊，贮藏脂肪的尾巴有三种类型，即长脂尾、薄脂尾、短脂尾带肥臀。有些品种脂尾长达 20cm，如阿拉伯阿瓦西羊、伊拉克羊、索马里羊、马塞羊。波斯黑头羊和有些前苏联品种为肥臀羊。驼峰主要是由脂肪构成的，峰的大小随食物供应量不同而有区别，最大者可接近体重的 20％。热带动物则将皮下脂肪作为绝缘层。北极的动物用很厚的皮下脂肪层贮存能量和保温。沙漠地带的动物，背部有局部脂肪，可防止外界热量进入身体，而肋部一般脂肪少，可通过对流或蒸发散热。

f. 体型外貌　生长在高寒地区的牦牛，体躯粗重、紧凑，颈短，腿短，全身被毛厚，额顶、肋部、大腿部的被毛长而下垂，这对防御大风及寒冷气候具有重要作用。在温带北部高山区，牛（欧美品种）体紧凑，腿、颈短，耳小，被毛厚。水牛适应沼泽和灌溉区，体矮，皮厚，毛稀。北方沙漠绵羊（主要分布于地中海、北撒哈拉沙漠）体型不甚紧凑，腿、耳较长，毛及绒毛较粗，具有典型的肥尾。南撒哈拉和南印度沙漠的绵羊，体细长，腿高，颈长，耳及尾长，被毛细短，有肥臀。亚热带地区的轻型阿拉伯马，体细长，体表面积大，极适合于当地气候条件。而体大、体格结实的重型马（如夏尔）能更好适应寒冷气候条件。

② 生理适应　动物可运用代谢热的产生、皮肤和呼吸道的散热、外周血液流量、水代谢等生理功能变化来适应环境条件的改变。如外界温度升高时，皮肤和呼吸道的蒸发量增加，皮肤中血液流量增多，水的代谢增强。有些动物在炎热环境中可降低汗的分泌以保持身体中的水分。

一般认为，生理适应受中枢神经系统的调节。TRH（促甲状腺素释放激素）、TSH（促甲状腺素）、甲状腺素等激素反应也有重要调节作用。生长在冷环境中的绵羊与牛，血浆中的甲状腺素含量较高。耐热动物和不耐热动物血浆中甲状腺素含量相差也很大。温度升高时，耐热动物血浆中甲状腺素含量较低，温度愈高则甲状腺素愈少。而耐热差的动物，温度升高时血浆中甲状腺素起初下降很快，但下降幅度不及耐热动物大。在 10～20℃环境中饲养的动物，突然被放到 32℃环境中饲养，血糖和氮的含量可下降 31％。

在水的蓄积方面，牛体内水量比较多，山羊和骆驼较少。水的消耗量，牛较多，羊较少。体内水的重吸收能力，骆驼最强，水牛最差，羊居其中。对牛供水不及时，体重下降很快，血浆浓度变高，成活率低，尿浓度增高，可使其发生尿中毒，甚至死亡。骆驼可以 2 周不喝水，美利奴羊约 1 周，牛半周不给水就不行。

（2）遗传适应　也称基因适应。在复杂多变的环境中，所有生物系统，无论是细胞、器官、生物个体或群体，都有系统的适应机构。借助这些机构，生物得以在变异环境中生存。动物的适应，一部分是对环境的直接反应，在生物个体的生命活动中表现，不在动物种族中延续，这种适应称为非遗传性适应。而遗传适应是动物在自然选择或人工选择作用下获得的有利于生存的某种变化，其实质是动物在特定环境的长期定向选择作用下产生的有利于生存的基因的改变，从而使动物种群的遗传物质产生有利于生存的变化，这种变化有利于动物在特定环境中维持内环境稳定。

遗传适应是物种对环境中长期不变的刺激产生的一种反应，是物种长期进化的结果。因此，遗传适应的表现具有物种特异性。

一般来讲，行为适应和生理适应出现较快，但维持时间相对较短，在外界刺激停止之后，可以在短时间内部分或全部消失。形态适应出现较慢，往往需要几个月或一年以上，而且一旦形成，可以维持较长时间，甚至终生不变。遗传适应出现得很慢，往往需要几年甚至数十年，遗传适应一旦出现，可以通过世代交替在种族内延续。

5. 家畜的风土驯化与引种

（1）风土驯化

① 概念　风土驯化是指家畜逐步适应新环境条件的复杂过程。既可以指优良的育成品种对不良生活条件的适应，也可指原始地方品种对良好与丰富的饲养管理条件的反应，还可表示家畜对新环境中某些疾病的免疫能力。

驯化后，能生存、繁殖，正常生长发育，并且能够保持其原品种的特征和生产性能。风土驯化一般指气候驯化和饲养条件驯化。一般需要很长时间。若条件差异过大，则不能达到风土驯化，出现退化现象。

② 家畜风土驯化的一般规律

a. 环境条件差异过大时，风土驯化易失败。有人将黑白花奶牛、西门塔尔牛运往拉萨（海拔 3658m），这些家畜常因不适应而得心脏病，甚至死亡。把高原的牦牛移到海拔 1500m 的兰州，也难以维持健康。有人把新疆细毛羊引入广东，也未成功。

b. 一般来说，温带类型家畜对间歇性高温比持续而不太高的气温易于风土驯化。如温带的海福特肉用牛在美洲和澳大利亚干旱的亚热带地区，表现很好，而在美洲和澳大利亚终年都有高温及潮湿气候的热带地区，就不适应。

c. 在高温条件下驯化家畜时，选择皮肤相对面积较大，被毛短，皮肤色素较多的家畜，一般会获得良好效果。

③ 风土驯化主要途径

a. 直接适应：即家畜在新的环境条件下，在行为上和生理上产生一系列反应，直到基本适应新环境条件为止。这种新的环境条件一般属于该品种的耐受范围，故直接适应就能达到风土驯化的目的。

b. 定向改变遗传基础：当新的环境条件超越了该品种的耐受限度，家畜就会产生种种不适应的反应，甚至发病、死亡。这时，通过人工选择，淘汰不适应个体，留下适应个体，改变了群体的基因频率，使家畜群体的遗传物质发生改变，从而达到风土驯化。

在实践中，两种途径不是孤立的。首先是通过直接适应，然后经过人工选择，使遗传的物质基础发生变化，实现风土驯化。

（2）引种　引种是现代畜牧业生产中较常见的现象。引入地区的自然生态条件与引入品种原产地基本相似或差异不大时，引种容易成功。

① 引种时需注意的生态问题

a. 必须在引种前认真研究该品种原产地与新引入地区之间，在海拔、地形、气候、饲养管理条件等方面的相似性，分析该品种能否在新地区适应。

b. 要考虑到畜禽有逐渐适应新环境的能力，或通过一个地理过渡阶段后有逐渐适应新环境的可能性。

c. 一般来说，家畜从低劣环境引到优良环境时，易适应；由温暖地区引种到寒冷地区，宜在春夏季运输，以便逐渐适应气候寒冷的变化；家畜在性成熟年龄迁徙最合适，而母畜在妊娠后期迁徙是最不适当的。

d. 大多数情况下，较小的、中等的体形动物比大体形动物有较大的耐受力，能顺利完成风土驯化。

e. 引入冷冻精液、胚胎等较好。

② 引种时，为解决生态问题常用的方法

a. 让家畜适应环境；

b. 改变环境满足家畜需要；

c. 在生态条件相似的区域内引种，找到其潜在的生态区域。

③ 引入品种的利用

a. 纯繁：首先要观察该品种在引进地区二年内的生长速度、生产力、繁殖力、抗病力等是否能达到在原产地的各种指标。如果某些指标下降而又不能恢复，则不宜扩大纯繁。

b. 杂交：利用引入品种与当地品种进行杂交改良或采用杂交育种的方法培育适应特殊气候的新品种，仍是目前常用的方法。

二、家畜的应激

1. 应激的概念和性质

（1）应激的概念　广义地说，应激是指作用于机体的一切超常刺激所引起的机体的紧张状态。目前普遍认为，应激是指动物机体对外界或内部环境超常刺激所产生的非特异性反应的总和。

环境中凡是能够引起机体应激反应的环境因子称为应激原。应激原的强度不同，引起的应激反应的强度和进程也会不同。较弱的应激原易被机体适应；过强的则可导致疾病或死亡。只要刺激达到一定强度，就会引起应激。

（2）应激的性质

① 应激是一种生理反应　当外界环境因子的变化超出家畜的适宜范围时，家畜就会动用机体的防御系统，克服环境过度刺激造成的不良影响，使机体在不太适宜的环境中仍能保持体内平衡。若在此情况下缺乏应激反应或应激反应失调，就会导致动物内环境稳定性被破坏，出现疾病或死亡。因此，应激反应是动物机体在长期进化中形成的一种生理反应。通过应激锻炼，可以提高动物的适应能力，扩大动物的分布范围。所以不能将应激等同于损伤；也不能把它和家畜健康、生产损失简单等同。在生产上可以利用适度的应激来提高家畜的适应性、生产力和治疗一些疾病。如通过绝食、禁水等而强制家禽换羽，从而提高产蛋量，延长产蛋期。

② 应激是一种非特异性反应　应激反应是动物对各种环境刺激所产生的相同的反应，即反应的表现不因环境因子的不同而变化。如高温和低温分别作用于动物时，动物的反应不同，高温时，动物采食减少，饮水增加；低温时正好相反。这些反应属于特异性反应，不属于应激反应。但当高温和低温刺激达到一定强度时，动物除出现上述特异性反应外，还出现一些相同的反应，如肾上腺分泌性提高，胸腺、淋巴组织萎缩等，这些反应是不同刺激所产生的共同具有的反应，即非特异性反应，属于应激反应。

③ 应激对动物是有利的　动物通过应激反应，增强了对环境因子的耐受限度，扩大了生存空间。如动物在应激情况下甲状腺分泌增强，从而使体内的代谢增强，提高了应付紧急情况的能力。但动物在应激反应尚未获得适应，或因环境刺激过强、持续时间过长而使获得适应丧失的情况下，其生产性能往往下降，这是动物为提高对不良环境的抵御能力而消耗所造成的，虽然对生产不利，但确是保障生命所必需。

2. 应激的发展阶段

（1）惊恐反应或动员阶段　机体对应激原作用的早期反应，出现典型的非特异性反应症状，此期机体尚未获得适应。根据生理生化变化的不同，该期又可分为休克相和反休克相。休克相表现为体温和血压下降，血液浓缩，神经系统抑制，肌肉紧张度降低，进而发展到组织降解，低血氯，高血钾，胃肠急性溃疡，机体抵抗力低于正常水平。休克相可持续几分钟至 24h。应激反应进入反休克相，机体防卫反应得到加强，血压上升，血糖提高，血钠和血氯增加，血钾减少，血液总蛋白下降；出现负氮平衡，动物消瘦，胸腺、脾脏和淋巴系统萎缩，嗜酸性白细胞和淋巴细胞减少，肾上腺皮质肥大，机体总抵抗力提高，甚至可高于正常水平。如果应激原作用十分强烈，则家畜可在最初

1h 或 1d 内死亡，如果家畜机体能经受住应激原作用而存活下来，则惊恐反应一般持续数小时至数天，然后进入适应阶段，此时，反休克相则是向适应阶段的过渡或与适应阶段合并。

（2）适应或抵抗阶段　机体许多表现与惊恐反应相反，新陈代谢趋于正常，同化作用占优势，体重恢复，各种机能得到平衡，血液变稀、血液中白细胞和肾上腺皮质激素含量也趋于正常。机体的全身非特异性抵抗力提高到高于正常水平。如果刺激不十分强烈或应激原作用停止，则应激反应的发展就在此阶段结束，该阶段可持续几小时、几天或几周不等；如果机体不能克服强烈应激原的作用，则适应又重新丧失，应激反应进入衰竭阶段。

（3）衰竭阶段　其表现很像惊恐反应，但反应程度急剧增强，出现各种营养不良，肾上腺皮质肥大，却不能产生必要的激素，异化作用又重新占主导地位，组织中的蛋白质、脂肪和机体贮存解体，体重剧降，淋巴结肿大，血液中嗜酸性白细胞和淋巴细胞增加，骨髓中细胞成分减少，继而机体贮备耗尽，新陈代谢出现不可逆变化，适应机能破坏，各系统陷入紊乱状态，许多重要机能衰竭，导致动物死亡。

3. 应激对动物生产的影响

应激与动物生产的关系极为密切，应激对动物的生产和健康可产生有利的影响，也可产生有害的影响，这主要取决于环境刺激的强度、时间和机体的状态。

（1）应激对动物生长和增重的影响　一般来说，家畜发生应激反应后，增重变慢甚至出现负值，料肉比增大，生产水平降低。在较为严重的应激状态下，动物生长发育速度降低。由不良环境因子引起的应激人们应该高度重视。

（2）应激对家畜繁殖力的影响　在应激情况下，可使动物的性成熟延迟和繁殖力降低。应激使母体黄体数减少，并且子宫重量和对外源性雌激素的反应降低，子宫代谢和激素环境均被扰乱。应激因子可以导致促卵泡激素（FSH）、促黄体激素（LH）的分泌减少，能影响卵的形成、成熟和排卵，也会减少卵巢激素的形成，并使输卵管膨大部蛋白质分泌减少或停止，还可以使子宫对钙的利用受阻，故在应激状态下鸡常产软壳蛋、小蛋或滞产，并使产蛋率下降。热应激可使公牛、公羊和公猪的精液品质下降。

（3）应激对家畜泌乳的影响　应激过程中促性腺激素的分泌减少，抑制了性腺激素的生成，从而导致动物乳腺的发育或再生受阻，使奶牛泌乳量下降。高温应激，可使产乳量大幅度下降。挤乳时的各种干扰，挤乳员的粗暴态度，都可成为应激因子而抑制排乳，使产乳量下降。

（4）应激对产品品质的影响　应激会影响肉的品质。运输及屠宰前的较强应激能够导致屠宰后的肉呈苍白、松软、有渗出液的 PSE 肉，或产生切面干燥、肉质较硬、肉色深暗的 DFD 肉。同样，应激可使家禽内分泌失调，导致鸡产小蛋、壳薄蛋、畸形蛋、软蛋的比例增加。

（5）应激对家畜健康的影响　严重的应激使动物免疫力和抵抗力降低，导致发病率和死亡率增加。应激作为非特异性的致病因素，与多种疾病的发生有关。有的是应激直接造成的，如消化性溃疡、肿瘤、猝死、运输综合征等；有的是应激破坏了动物体内的平衡，而降低其抗病能力，使动物处于亚健康状态，有利于病原微生物的侵入，而使动物易患各种传染病。

4. 应激的预防

（1）选育抗应激品种　动物对应激的敏感性与遗传有关，利用育种的方法选育抗应激动物，淘汰应激敏感动物，逐步建立抗应激动物种群，是解决畜禽应激的根本措施。

（2）改善环境条件　从环境卫生的角度来看，改善环境条件，以减少、减轻或消除环境应激因子的不良影响，这是预防应激的最重要手段。如畜牧场的合理规划和畜舍的良好设计；避免环境骤变，防冷、热、噪声、强光等；防止各种污染；饲料、饮水保质、保量；进行抗应激锻炼；合理的饲养密度；合理的运输方式等。以上这些措施可以有效地防止应激的发生。

（3）合理利用抗应激药物　为了防止应激的发生，可通过饮水、饲料或其他途径给予抗应激药物。这些药物一般分为三类，包括应激预防剂、促适应剂、应激缓解剂。常用的药物有：维生素 C，大剂量（每千克体重 100mg 以上），能很好地缓解应激；氯丙嗪（每千克体重 1.7mg）肌注，琥珀酸盐（每千克体重 50mg），拌料饲喂，微量元素如锌、硒等亦有效；微生物制剂如杆菌肽等，中草药也可减少应激的发生。

单元四　种群生态与群落生态

学习目标

熟悉种群的基本特征；
理解种群、年龄金字塔及群落的含义；
会应用阿里氏定律指导畜牧生产实际。

一、　种群的基本特征

1. 种群的概念

动物的外界环境，既包括非生物环境，也包括生物环境。任何一群生物既以其他生物为外界环境，同时也是其他生物的外界环境中的一个成分。

生物之间的关系，包括种内关系（同种内个体之间的相互关系）和种间关系（异种个体之间的相互关系）。

种群是指在一定时间内占据特定空间的同一物种（或有机体）的集合体。种群内部的个体可以自由交配，繁衍后代，从而与其他地区的种群在形态上和生态特征上彼此存在一定的差异。种群是物种存在的基本形式，或者说物种是以种群形式出现的而不是以个体的形式出现。种群是生态系统中组成生物群落的基本单位，任何一个种群在自然界都不能孤立存在，而是与其他物种的种群一起形成群落，共同执行生态系统的能量转化、物质循环和保持稳态机制的功能。种群也是人类开发利用生物资源的具体对象。

2. 种群的基本特征

（1）空间特征　种群有一定的分布范围，在分布范围内有适于种群生存的各种环境资源条件。种群个体在空间上的分布可分为均匀分布、随机分布和聚集分布。此外，在地理范围内分布还形成地理分布。

（2）数量特征　这是种群最基本的特征。种群的数量随时间而变动，并且有一定的数量变动规律。种群的数量特征主要通过种群密度、出生率、死亡率、年龄结构、性比等种群基本参数来表示。

（3）遗传特征　种群由彼此可进行杂交的同种个体所组成，而每个个体都携带一定的基因组合，因此种群是一个基因库，有一定的遗传特征，同时，种群中个体之间通过交换遗传因子而促进种群的繁荣。种群内变异为物种进化提供了原始的选择材料。

3. 种群的生态意义

（1）有利于改善小气候　如群居的仔猪和雏鸡在寒冷时可聚成一堆，以减少个体的散热面积；草地上放牧的绵羊在中午常自动聚集在山头上，将头钻在其他羊的肚下，以防止日射病的发生。

（2）有利于捕食　如有些水禽常围成包围圈，捕食鱼类。

（3）共同防御敌害　如马、牛、羊在草地上成群活动，遇到天敌时，母畜将仔畜围在中央，进行保护；公畜则在群外巡视，甚至与天敌格斗。

（4）组成繁育群体，有利于种群的繁殖和幼体的发育。

（5）有利于行为的形成　在群体内，通过成年动物的示范，幼仔学习了许多行为，这对于个体的生存、群体的活动和群内关系的保持都具有重要的意义。

二、 种群的大小和密度

种群的大小：某种生物在一定空间中，个体数目的多少。

种群的密度：限制在一定空间内的个体数目。

一个种群的大小或密度，不仅取决本身的生物学特性和它的繁殖能力，更主要决定其必需的自然资源和生存空间所允许的限度。

数量、资源和空间的关系，是一种动态平衡的过程。

动物的集群必须有适当的生态密度。生态密度指的是单位空间中生存的个体数。生态密度过大或过小都不利于生物的生长与发育。

舍饲密度：每单位面积的饲养数或平均每头家畜的占有面积。饲养密度与温度、湿度以及通风换气和地面类型等因素有关，它直接影响畜禽的生产性能（表2-4、表2-5）。

表 2-4　不同体重的肥猪每头最小必需的栏面积　　　　　　　单位：m²

| 猪体重/kg | 地 板 类 型 | | 猪体重/kg | 地 板 类 型 | |
	开　缝	实　地		开　缝	实　地
11.5～18.0	0.27	0.36	45.5～68.0	0.54	0.81
18.0～45.5	0.36	0.54	68.0～95.5	0.72(0.81)	1.08

注：括号中数值适用于高温环境。

表 2-5　每羽平均面积和群的大小对产蛋成绩的影响 （336d）

| 每羽平均面积/cm | 一笼平均羽数 | | | | | |
	1	2	4	8	16	平均
387	192	224	214	216	214	212
464	194	226	219	220	216	215
542	220	226	216	217	212	218
615	228	224	227	220	226	225
平　均	208	225	219	218	217	217

阿利氏规律：动物需要有一个最适的种群密度，过密和过疏都可能对种群产生抑制性影响。即动物集群生活需要有一个最适的种群密度，当密度过小时，不利于集体觅食、抵御天敌、改善小气候和配种繁殖以及幼体的行为形成，从而抑制了种群的增长；当密度过大时，由于空间和食物不足，个体间的斗争加剧，动物的性欲、交配能力、繁殖率、幼仔存活率和生长发育等方面都会受到严重影响，同样会对种群增长产生抑制。

这一规律对畜牧业生产的启示在于以下几个方面。

① 饲养畜禽必须考虑为动物提供最适空间和最适群体密度，否则会产生不良后果；

② 在保种工作中，也应重视保持适宜的种群密度和群体规模，以避免种群衰退；

③ 对野生动物资源的利用中，应保证动物群体始终保持在适宜密度范围。在群体密度过大时，及时捕猎可以在获得最大利用量的同时又促进动物种群的增长。

三、　种群的年龄和性比

种群的年龄和性别比率是种群结构的主要特征。

1. 年龄结构

种群的年龄结构是指种群内个体的年龄分布状况，即各年龄或年龄组的个体数占整个种群个体总数的百分比结构。

一般用年龄金字塔的形式来表示种群的年龄结构。

年龄金字塔是以不同宽度的横柱从上到下配置而成的图（图 2-3），横柱高低位置表示从幼年到老年的不同年龄组，宽度表示各年龄组的个体数或在种群中所占的百分比。按锥体形状，可划分为 3 个基本类型。

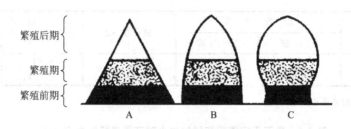

图 2-3　种群年龄金字塔（A. 增长型　B. 稳定型　C. 衰退型）

（1）增长型种群　锥体呈典型金字塔形，基部宽，顶部狭，表示种群中有大量幼体，而老年个体较少，种群的出生率大于死亡率，是迅速增长的种群。

（2）稳定型种群　锥体形状呈钟形，老中幼比例介于增长型和衰退型种群之间，种群的出生率和死亡率大致相平衡，即幼、中个体数大致相同，老年个体数较少，代表稳定型种群。

（3）衰退型种群　锥体呈壶形，基部比较狭，而顶部比较宽，种群中幼体比例减少而老体比例增大，种群的死亡率大于出生率，种群的数量趋于减少。

使整个畜群保持在青壮年的旺盛期，是畜群生产力和经济效益最佳的龄期。

2. 性比

性比是指一个种群的所有个体或某年龄组的个体中雌性与雄性的个体数目的比例。

性比是种群结构的重要特征之一，它对种群的发展有较大的影响，如果两性个体的数目相差过于悬殊，不利于种群的生殖。种群的性比同样关系到种群的出生率、死亡率和繁殖特点。种群的性比变化，常会导致性行为和配偶关系的改变。要保持适当的公母比例。大多数生物种群的性比接近 1∶1。

四、 种群间的相互关系

自然界中任何一个生物个体不能离开种群而独立存在，同样一个物种的种群也不可能独立生存，种群与种群间关系是复杂的（表 2-6）。

表 2-6 两个物种间相互作用的类型

作用类型	物种		一般特征
	1	2	
互利共生	+	+	相互作用,对双方都有利
捕食作用	+	—	种群 1 是捕食者
寄生作用	+	—	种群 1 是寄生者
竞争作用	—	—	两个种群竞争共同资源而带来负的影响
中性作用	○	○	两个种群彼此不受影响
偏害作用	—	○	种群 1 受抑制,2 不受影响
偏利作用	+	○	种群 1 是偏利者,2 不受影响

注:"+":对该物种生存有益;"○":无明显的紧要关系;"—":物种生存受抑制。

1. 互利共生

互利共生主要有以下几种类型。

① 仅表现在行为上的互利共生,如蚂蚁和金合欢;

② 包括种植和饲养的互利共生,如人类与农作物和家畜的关系;

③ 有花植物和传粉动物的互利共生;

④ 动物消化道中的互利共生,如反刍动物和瘤胃微生物,反刍动物依靠细菌和纤毛原虫分解纤维素等营养物质以供自身生长需要,而细菌和纤毛原虫反过来要在厌氧条件下生长繁殖,又依赖反刍动物为它们提供营养;

⑤ 生活于动物组织或细胞内的共生体,如热带海洋浮游生物中藻类与原生动物的互利共生。

2. 捕食作用

长期协同进化逐步形成的,捕食者固然有一整套有关的适应性特征,以便顺利地捕杀猎物,但猎物也产生一系列适应性特征,以逃避捕食者。上述特征是多方面的,有形态上和生理上的,也包括行为上的。捕食者进化过程中发展了锐齿、利爪、尖喙、毒牙等工具,运用诱饵追击、集体围猎等方式捕食猎物;此外,猎物也相应地发展了保护色、警戒色、拟态、假死、集体抵御等种种方式以逃避被捕食。在捕食者——猎物相互关系进化中,形成了复杂的进化。假如某些捕食者在捕杀被食者中有更好的捕杀能力,那么它就更易得到后裔。因此,自然选择有利于更有效的捕食。但是,当捕食过分有效,捕食者就可能把被食者消灭,然后捕食者也因饥饿而死亡。在多种捕食者捕食多种被食者的系统中,一种被食者可能通过隐藏来躲避捕食,另一种可能以快速飞跑来逃脱捕食,而捕食者也就难以在进化中同时获得这两种互相矛盾的捕食能力。对于被食者来说,自然选择有利于逃避捕食,但多种捕食者各具不同的捕食策略,因此被食者也难以获得适合于逃脱所有捕食者的行为和本能。

3. 寄生作用

寄主和寄生物往往是协同进化。寄生物对寄生生活的适应也多种多样。外寄生物,如虱、臭虫、蛭等体多呈背腹扁平，便于附着在宿主体表。跳蚤侧扁，适于跳跃和居于羽、毛之中。肠内寄生物体形细长（如蛔虫），有减少被消化道中食物冲走之作用。为附着于体内或体表，寄生物常具钩、吸盘等附着器。宿主的免疫反应是将能为寄生物生活的环境变成为寄生物所不能生存的。无脊椎动物有吞噬细胞，负责对付非自体的外来物的入侵，脊椎动物不仅具有吞噬反应，而且发展了复杂的免疫系统，能使宿主产生"记忆"，当寄生物再入侵时得到免疫。哺乳类的免疫球蛋白还可传递给下一代。因此，脊椎动物的免疫反应能保护宿主，增加存活率。

4. 竞争作用

在同一生态条件下，出现两种生物需要同一种资源时，即发生竞争。草地上的野生动物与草食家畜形成竞争。澳大利亚草原兔子业发展快，则使牛、羊业受损。在某些自然种群中确实存在强烈的种间竞争，进入竞争的物种形成各种差异，以降低竞争的紧张度。如果两个物种的资源利用曲线完全分开，那么就有某些未利用资源。扩充利用范围的物种将在进化过程中获得好处。

种间家畜的竞争，其结局有两种可能，一种是两个种间形成平衡调节；另一种是其中一个发展，而另一个因受到排挤而消失。在家畜中这种结局是人造成的，其结果也取决于人。

在自然生态系统中，同一生态位的两个种，不能同时、同地生存。这是一条基本原则，被称为"竞争排斥原则"。

生态位是指某一种生物在生物群落中所处的空间位置和它们在生物群落中的功能作用（即它的营养位置），以及它们的生存条件（如温度、湿度、pH、土壤等）在环境变化中的位置。在自然界生态系统中，没有同时存在的、两种营养完全一样的物种，即没有同时存在的两个生态位相同的物种，如有必然产生竞争。

生态等值：位于不同的地理区域，占据相同的或类似的生态位的生物称为生态等值。具有同样生态等值的生物其对环境条件的要求和营养的需求是基本相同的。

生态位狭的物种，其激烈的种内竞争更将促使其扩展资源利用范围。由于这个原因，进化将导致两物种的生态位靠近、重叠增加，种间竞争加剧；另一方面，生态位越接近，重叠越多，种间竞争也就越激烈。按竞争排斥原则，将导致某一物种灭亡，或者通过生态位分化而得以共存。后一种情形是导致两共存物种的生态位分离。总之，种内竞争促使两物种的生态位接近，种间竞争又促使两竞争物种生态位分开。

竞争排斥原则以及生态位分离等概念说明，"在同一环境中能够共存的物种，不可能是生态要求完全相似的，它们的相似性必定是极有限的"。这个观点在生产实践上也是很有用的。例如，进行引种工作中，引入的物种与原有的物种如果生态上完全相似，必然发生激烈的竞争。因为通常新引入物种的数量更可能处于劣势，因此往往被排挤掉。为了使移植成功，要求一次引入大量个体，或者引入相当于当地"空生态位"的种类。

5. 中性作用

中性关系在家畜中普遍存在。在饲草料不足的情况下，中性关系常转化成竞争关系。

五、 生物群落的概念和特征

1. 概念

生物群落指在相同时间聚集在一定地域或生态环境中各种生物种群的集合。例如在一片农田里，既有作物、杂草等植物，也有昆虫、鸟、鼠等动物，还有细菌、真菌等微生物，所有这些生物共同生活在一起，构成群落。

在环境条件的制约下，具有特定生态特性的生物种和生物群落，只能在特定的小区域中生存，这个小区域就称为该生物种或生物群落的生态环境。

2. 群落的特征

群落有一些基本特征，能说明群落是生物种群组合的更高层次上的群体特征。

（1）物种的多样性和相互联系性　区别不同群落的第一个特征是群落是由哪些动植物组成的。组成群落的物种名录及各物种种群大小或数量是衡量群落的多样性的基础。一个生物群落中所有的生物，在生态上是相互联系的。尽管每种生物都有其独特性，但群落中的所有物种却彼此依赖、相互作用，结成共同生活在一起的有机整体。捕食、寄生、共生、竞争等种间关系，是生物群落得以形成和保持稳定的基础。

当某些生物被人类有意识或无意识地带入某一适宜其生存和繁衍的地区，其种群不断增加，分布地区逐步稳定扩展，使当地原有生物群落被扰乱甚至发生重大改变，这种现象叫生态入侵。

保护生物群落，合理利用生物资源，这是人类面临的一个重要课题。

（2）生物群落与环境的不可分割性　任何情况下群落与环境都紧密联系、相互作用。生物群落对其生态环境产生重大影响，例如植物可以固沙固土，蚯蚓可以改善土壤的理化性质。

（3）物种的重要性不同　生物群落中的各个成员在群落中的重要性是不相等的。按照各生物种在群落功能上的作用大小，可以把它们分别划为优势种或从属种。

优势种：对群落起控制作用，对生物群落有极大的决定性影响。从属种：其他群落。例如：一块牧地上有以下生物：兰草 $48hm^2$，白三叶 $2hm^2$，鸡 6 只，火鸡 2 只，橡树 2 枝，羊 2 只，肉牛 2 头，马 1 匹，奶牛 48 头，则兰草在该牧地生产者中是优势种，而奶牛在消费者中是优势种，因此该群落可称：兰草－奶牛群落。

（4）群落具有空间和时间结构　群落的空间结构包括垂直分层现象和水平结构。群落的时间结构分昼夜相和季节相。植物的生长型决定群落的分层结构。

（5）群落结构的松散性和边界的模糊性　群落的结构（如分层结构、物种组成等）是一种松散的结构。群落的边界，有些是明显的，如池塘中的水生群落与陆地群落之间的边界；有的就很不明显，有时还有很宽的过渡地带，如森林群落和草原群落之间就是这样的。在过渡地带，两边的群落往往犬牙交错地混杂在一起，有时甚至会形成一个逐渐改变的连续体。

六、　生物群落的演替

生物群落是一个运动着的体系，它处于不断的变化之中，有时可以从一个类型演变成另一类型。一定地段上的生物群落由一个类型演变为另一类型的过程，叫做群落演替。

1. 生物群落演替原因

生物群落演替原因包括如下：物种间的激烈竞争、砍伐等外力的影响、环境的剧烈变化等。

2. 生物群落演替的分类

（1）按其出现在裸地或是在原来已有群落的地方可分为　原生演替和次生演替。

（2）按其引进的原因可分为　内因性演替和外因性演替。

（3）按演替过程时间的长短分为　地质演替和生态演替。

（4）按群落代谢的特征可分为　自氧性演替和异氧性演替。

（5）按群落演替的方向不同可分为　正向演替（裸地→生物群落）和逆向演替（生物群落→裸地）。

研究群落演替，可以发现群落演替有一定规律，我们掌握这些规律，则可以预测群落未来，使之朝着有利于人类的方向发展，同时也可以积极采取措施防止有害演替的发生。

单元五　生态系统

学习目标

会利用生态系统能量流动原理指导生产实际以提高畜牧生产效益；

在理解物质循环基本过程的基础上，学会应用物质循环基本原理指导养殖生产实践。

一、生态系统的概念

生态系统是指在一定时间和空间内，生物和非生物成分之间，通过不断的物质循环和能量流动而形成的统一整体（图 2-4）。最初由英国生态学家坦斯利（A. G. Tansley，1936）提出。

图 2-4　生态系统模式图

生态系统，强调系统中各成员之间在功能上辩证统一。在生态系统内，由于复杂的食物网的存在，把生物与生物、生物与环境联结成一个网络式结构，网络上的每一环节彼此牵连，相互制约，维持生态系统的相对平衡状态。我们研究生态系统的动态平衡，不是为了永远保持平衡不变，而是在掌握这种动态平衡的基础上，充分认识生态系统的演替规律，以便合理利用自然资源，使其向着人类所希望的高价生态系统方向发展。

人是生态系统中一个重要而强有力的因素。自然的生态系统很少能像它们初出现时那样不受人类的影响。尤其在牧业生态系统中，因牧业生产是以人类活动为中心，来获取最高优质产品和最大经济效益的生产事业，故该系统是受人类控制的生态系统，是一个非闭合式的生态系统。人类主宰着整个系统内的物质循环和能量流动的方向（生物种群和结构的简化，施肥、农药、饲料的输入，农畜产品的输出）。

二、生态系统的基本结构

1. 生态系统组分及相互关系

自然界任何生态系统均由两个部分组成：非生物部分（无生命成分）——无机环境；生物部分（有生命成分）——生物群落。

第一部分是生态系统中的生物和能量的来源，包括生命活动的三个基质，即大气圈、水圈、岩石土壤圈。土壤、岩石、沙砾和水等是生物生长和活动的空间；太阳能、水、CO_2、O、N 等以及无机盐和有机化合物（蛋白质、碳水化合物、脂类和腐殖质等），均是生物物质代谢的材料。水、空气和土壤是生物体代谢的媒介，其中包含许多物理、化学和气候等因素。

在第二部分中，生物种类繁多，根据其获取营养和能量的方式以及在物质循环和能量流动中的作用，可分为三大类。

第一类是生产者，即能够以简单的无机物制造食物的自养生物，主要是绿色植物和一些光合细菌。它们在生态系统中的作用是进行初级生产。绿色植物具有叶绿素，能利用太阳能通过光合作用把吸收来的水、二氧化碳和无机盐类合成碳水化合物，把太阳能以化学能的形式固定在碳水化合物中。碳水化合物还可以进一步合成脂肪和蛋白质，这些由能源不断合成的有机物，进入生态系统后，成为其他生物——消费者和还原者的唯一的能源。

第二类是消费者，是指生态系统中的各类动物。它们不能直接利用太阳能为其生命代谢活动提供能量，必须直接或间接依赖于生产者所制造的有机质为食，属异养生物。动物根据其食性可分为两类：一类为草食动物，如牛、马、羊、兔、鹿、鹅、蝗虫以及水域中的虾、螺蛳等，为一级消费者；第二类为肉食动物，其中以草食动物为食的称为二级消费者，或称一级肉食者，如狐狸、鼬和青蛙等，以一级肉食者为食的动物称为三级消费者，或称二级肉食者，如虎、豹、鹰及鲨鱼等。杂食类消费者是介于草食性动物和肉食性动物之间的动物，如猪、许多鱼类等。寄生生物和食腐动物等，是特殊的消费者。还有很多动物的食性随季节、生活周期而改变，有时很难归入生态系统中的哪一营养级。

第三类为分解者或称还原者，属于异养生物，主要是细菌、真菌、霉菌、放线菌和某些原生动物，以及食腐性动物如甲虫、白蚁、蚯蚓和一些软体动物。它们能把复杂的动植物有机残体分解为简单的化合物归还到环境中，重新被植物所吸收利用。分解者在生态系统中的作用十分重要，其数量之多也是十分惊人的。据估算，每公顷紫花苜蓿黑钙土中，细菌的重高达 8000kg，一般农田土壤中每公顷也有细菌 500kg 以上；每公顷栖居生物的种群的生物量可达 25000kg；在温带阔叶林的枯枝落叶层中，每平方米含有 10 万～20 万个无脊椎动物（如线虫）、节肢动物和蚯蚓等。整个生态系统就是依靠这支庞大的分解者，使大量没有被消费者所获取的有机物释放出来，返回到环境中去，被生产者再利用。

上述三大功能类群——生产者、消费者、分解者，代表三种不同营养方式的生物，即自养生物、异养生物、腐养生物（这种划分是相对的，是生态功能上的划分，与分类学范畴不同）。它们和环境有着密切的联系，使整个生态系统的物质循环和能量流动，彼此紧密联系起来，构成一个生态系统的功能单位，详见图 2-5。

各种类型的生态系统，如水域生态系统和陆地生态系统，它们的生物种类组成和营养方式是各不相同的，但生态系统的营养结构模式（即物质循环模式），是具有普遍性的。总的来说，生态系统中的物质是处于经常不断的循环之中。能量的流动则不同，以太阳光作为能源，二氧化碳和水作为原料，形成碳水化合物并输入生态系统

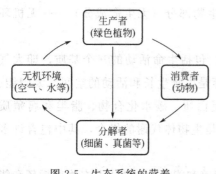

图 2-5 生态系统的营养
结构（物质循环）

后，能量的流动不断沿着生产者、草食动物、一级肉食动物、二级肉食动物等逐级流动。这种能量的流动是单方向流动，是生态系统的基本规律。

2. 生态系统的空间结构和物种结构

整个地球表层是由土壤岩石圈，水圈、大气圈所构成，其中适合生物生存的各圈层范围称生物圈，它是一个最大的生态系统。在这个最大的生态系统中，又包含着互相密切联系而又相对独立的生态系统，如水域生态系统和陆地生态系统等。随着一定纬度的地形、气候的影响，生物群落都有空间的垂直结构和成层现象，构成了一个具有相互依存和相互制约的结构实体，通过生产者、消费者、分解者的多维结构完成特定的物质循环和能量流动过程。

绿色植物由于对光照的要求不同，分为阳性植物（占据群落的上层空间）和阴性植物（在阳光微弱的群落下层也能生长繁殖）。不同生态特性的植物，生活在不同高度，占据不同的空间，形成生态系统的地面垂直结构。地面以下的垂直结构，如根系在土壤不同深度的配置，构成了地下部分的成层现象。如森林里有高大的乔木，其林冠上层叶片得到充分光照，林冠下为各种灌木，只能利用林冠下残余的光照；通过灌木层再次减弱的阳光，才被草木层所利用。禾本科牧草有丛生型、平卧型、匍匐型和蔓生型等生长型，它们的根大部分分布在土壤上层，但也有深入土壤几米深的。而豆科牧草根的结构变动在直立型与匍匐型之间，直立型的主根非常发达，有大量次生根，如紫花苜蓿的根系透过土壤可深达 2m；而匍匐型的茎紧贴在土壤表面，根生在节上。豆科牧草的根产生根瘤，根瘤内的固氮菌与豆科牧草形成共生关系。这些固氮菌不仅从大气中获取自身所需要的氮，而且还供给土壤大量的氮，因此在牧草栽培上常用禾本科和豆科牧草混播来提高草地单位面积产量。

动物（消费者）生活直接或间接依赖于植物，因此在生态系统中它们的结构受植物群落所制约。在土壤中常有蚯蚓、线虫、螨类、金龟子以及蝼蛄等，它们以植物的根为生。据测定，在 1hm² 草地土壤中可找到 1.44 亿个弹尾目土壤动物，重量达 750kg。每公顷有 700 万个蚯蚓和部分鼹鼠。达尔文对蚯蚓进行了详尽研究并指出：作为蚯蚓粪排出的土粒，每公顷每年约有 17～45t，平均为 35t。蚯蚓排出的土粒有良好的团粒结构、通气、蓄水、富含养分，特别富含磷和氮。据欧洲放牧地区的研究，一条蚯蚓每年可吃 16～60g（干重）的牲畜粪。在每 0.8 hm² 放牧一头牛的草场上，每平方米如果有六条蚯蚓，就可把牛粪处理掉，所以蚯蚓起了拖拉机耕翻土壤和撒施肥料的良好作用。以植被为生的动物，如网纹蛞蝓在夜间活动，而蝗虫和蚱蜢对牧草的破坏力很大，蜜蜂在花朵上进行采蜜和授粉，兔以草原的植被为生，并在洞穴里繁殖。有一种达乌尔鼠兔入冬以前将大量的草丛茎的下半部咬断，晒干后堆积成直径为 50cm、高为 40～50cm 的小堆，并把石块或棍棒搬压在草堆上，避免风吹散失，为过冬贮备干草。草原上这种有害啮齿类，利用各种方法改变草原群落，与家畜争食。

在家畜中，由于各种牲畜口腔结构和消化器官具有不同的特点，它们采食牧草的方法也不一样。如牛靠舌卷住草束或长的植物茎扯入口腔内，骆驼借助灵敏的下唇，能够攫取相当短小的植物，羊的上唇裂开则善于采食非常矮短的牧草，山羊善啃食灌木及乔木的嫩枝，猪的尖嘴形嘴巴能拱取土壤下面的食物，因此它们对食草高度有选择性。这对组成合理的种群和畜群结构，实行轮牧或混牧，提高单位面积饲草利用率，具有显著效果。

在种植业生产中，可以利用高秆与矮秆、矮秆与蔓生、禾本科与豆科、深根系与浅根系、单叶与复叶、对生与互生等作物在生态和形态上的不同特点，在互不争阳光、不争肥、互不相克的原则下，在单位面积上进行合理安排，以获得更多的籽实。

在水域中，不同种类的浮游生物，具有体积小、数量多、繁殖快、变动性强等特点，它们适应不同的水深度，并呈垂直分布现象。在鱼塘中，鱼类群体也呈现生物学的立体结构。鳙鱼、鳊鱼居于水体上层，鲩鱼居于中层，鲮鱼、鲤鱼居于下层，泥鳅、塘虱居于土表或土层，建立了生态学上合理的空间分布。

上面列举的空间结构和物种结构，阐明了自然界生物种群之间错综复杂的网络式结构，农业生态系统的结构受着人类意志的影响。为了充分利用自然资源，提高整个系统的生态效益和经济效益，必须使系统内各部分形成合理的比例和空间配置，使各要素之间的物质循环和能量流动畅通，构成合理的转化体系，从而提高整个系统的最佳总体转化效率。

三、 生态系统中的能量流动

能量流动和物质循环是生态系统的两个重要规律，二者互为因果，紧密结合成一个整体，成为生态系统的动力核心。能量单向流动，物质周而复始地循环。它们在生态系统内不断地被吸收、固定、转化，不停地运动着。生态学把这种运动状态称为流。能量在生态系统中的流动，称为能流。

1. 能量

太阳是一个巨大能源，它不断地向外辐射能量，其中约有二十亿分之一到达地球。太阳光照在地球上产生两种能量形式：一种是热能，它温暖大地，而且是推动大气和海洋环流的基本动力；另一种是光化学能，每秒钟太阳辐射到达地球的光能为 3.8×10^{26} J，相当于每秒钟燃烧 115 亿吨煤所发出的热量。光能为植物光合作用所利用和固定，形成碳水化合物，成为生物生命活动的能源。因此，没有太阳光照就没有生物，就没有能量的流动和转化，当然也就没有生态系统。

研究生态系统中生物能量的目的，在于阐明生命现象中各种能量的转换形式和机制、能量运动和结构之间的相互关系，从而有助于对生态系统中有机体结构和功能之间的本质的了解。生态系统中能量流动的转化规律是严格地遵守热力学第一定律和第二定律的。

热力学第一定律就是能量守恒定律："自然界的一切现象中，能量既不能创造，也不能消灭，而只能以严格的当量比例，由一种形式转变为另一种形式。"其表达公式为：

$$\Delta E = Q - W$$

式中，ΔE 为系统内能的改变；Q 为系统从外界吸收的热量（输出热量为负值）；W 为系统对外界所做的功（外界对系统做功时取负值）。

内能是一种变量，它在转化过程中所增加的值等于系统所得的热加上外力对系统所做的功。也就是说，在一个闭合系统中能量的总值不变，它可以以多种形式出现，可以由一种形式转化到另一种形式，但它的总值既不增加也不减少。所以人类不能"创造"能量，只能利用已有能量；同时人类也不能"消灭"能量，只能改变它的状态。因此，某一种类型的能的总量，总是相当于被转化成为另一类型的能的总量。只要知道转化系数，就可以根据能的总量来测出另一种量。

热力学第二定律称为熵值或熵定律。这个定律指出，由于某些能量常常变成不可能利用的热能而散失掉。因此没有一种能量能百分之百地从某一形态转变为其他形态。在热量的传递中，热量不能自动地从低温物体传向高温物体，而只能自发地从高温物体传给低温物体，直到两者温度相等为止。由此可见自发过程是不可逆的，决不能自动逆向进行。能量在生态系统中的运动，也是单向流动的，其中一部分是继续传递和做功的能量，即自由能，用于合成新组织或作为潜能贮存起来，另一部分不能继续传递和做功，而是以热的形式（呼吸作用）消散，这部分能量使熵值和系统的无秩序状态增加。

所谓熵值，是作为量度系统混乱状态的依据。自由能与熵值关系的公式是：

$$\Delta S = Q_{可逆} / T$$

式中，ΔS 为熵值的变化；$Q_{可逆}$ 为向体系中输入的热量；T 为当时体系的绝对温度。

热力学第一定律和第二定律支配着整个生态系统的能流。第一定律阐明了能量从一种形式转变为另一种形式的规律，例如绿色植物把太阳能转变为植物组织内贮存的化学能，这种能量经草食动物的代谢作用再转变为热能，在转变过程中能量的总值不变。第二定律阐明了能量从一种形式转变成另一种形式是不完全的，转变的过程中总要损失一部分能量。因此第二定律会影响和限制能量从这个营养水平传递到下一个营养水平的可能数量。大多数能被生物吸收利用于建造机体组织和器官，作为有用的功；其中的大多数又最终作为能排出体外，或是以排泄物或粪便的形式排出体外。

2. 生态系统能流过程的分析

地球上所有生物进行的各种活动，所需的能量都是直接或间接来自太阳辐射。据研究，大气圈顶部边界垂直于太阳光的平面上，每分钟每平方厘米可获得太阳能 8.12J，称为太阳常数。但当太阳光穿过大气、云层、尘埃时，有 38% 被反射和散射到宇宙空中，有 14% 被大气中水汽吸收，太阳辐射能到达地面照射到植物群落叶层上的只有48% 左右，仅占太阳常数的一半。而照射到植物群落叶层上的太阳能，也并不能全部被叶片吸收，其中有些被叶面反射到空中，有些属非活性吸收，而且有大量热量被用于蒸腾作用（32.5%）。在最适条件下，也只有 3.6% 的太阳辐射能构成生产量，并且其中还有 1.2% 要用于植物自身呼吸。因此只有 2.4% 的太阳辐射能贮存于各营养级所能利用的植物有机物质中。

这有限的太阳能，被生态系统绿色植物所吸收、固定。光合作用积累的能量是进入生态系统的初级能量，这种能量的积累过程就是初级生产。初级生产积累能量的速率就称初级生产力，通常以单位时间和单位面积内积累的能量或生产的干物质来表示，单位是 $J/(cm^2 \cdot a)$，$kJ/(m^2 \cdot a)$，$MJ/(hm^2 \cdot a)$。进行能量固定的绿色植物称为生产者，它是最初的能量贮存者，是生态系统能源的基础。

初级生产的能量一部分被植物自身用于吸收而消耗（这部分的消耗可用呼吸作用测定），另一部分贮藏在植物体内增加本身成分。因此初级生产量有总初级生产量和净初级生产量两个概念，它们的关系如下。

$$P_G = P_N + R$$

式中，P_G 代表总初级生产量；P_N 代表净初级生产量；R 代表植物自身呼吸消耗的能量。

净初级生产量是生态系统生物生产的主要环节，是人类粮食、工业原料以及家畜饲料的来源。

以生产者（植物）作为食物来源的草食动物（一级消费者），不可能把净初级生产量全部食用。因牛、羊在放牧或吃草时会留下草渣及咬断的植株，以及灌木、粗枝干、毒草、有特殊气味而不能采食的草。这些被称为未利用的物质（material nonused，N_U）；而真正被草食动物吃掉的部分称为消费量（consumption，C）或摄食量（ingestion，I）。被摄食的食物大部分被同化，称同化量（assimilation，A），而一部分通过消化道以粪便量和尿量排出，常称粪尿量（rejecta，F_U）。

被动物同化的能量，其中一部分用于维持机体的生命活动，这部分可通过呼吸量（R）来测定，另一部分为生产量（P），具体表现为个体的生长（P_g）或生殖（P_r）。奥德姆（Odum，1959）提出了一个生态系统中能流模式图（图 2-6）。

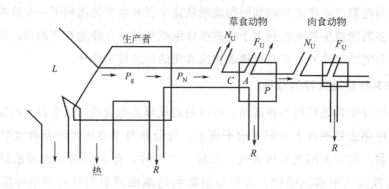

图 2-6　生态系统中能流模式图

图中各框表示各营养级，其面积表示生物量大小，管子粗细表示能流的多少，各营养级的输入和输出必须相等。

从图可以看出，太阳总辐射量（L）中，能被绿色植物所吸收的不到二分之一，其余变为热而散失，被绿色植物光合作用固定只有很少一部分，形成的有机质，即初级生产力。

3. 十分之一定律

一般来说，能量沿着绿色植物→草食动物→一级肉食动物→二级肉食动物逐级流动，而后者所获得的能量大体等于前者所含能量的 1/10，这就是说，在能量流动过程中，约有 9/10 的能量被损失掉。关于这种数量关系，人们称为"十分之一定律"。这一定律是由美国耶鲁大学的学者林德曼于 1942 年创立的。

4. 生态效率

生态效率是能流过程中各个不同点上能量输出和输入之间的比率，也就是所生产的物质量与生产这些物质所消耗的物质量的比率。从能量流动来说，次一营养级的生产量与前一营养级的生产量的比率，就是次一级的生态效率。

四、生态锥体

生态锥体是生态系统中顶部尖而底部宽的锥体状生物群落的营养结构。表示生态系统中能流量、生物量和生物个体数量在各营养级分布比例的图形。以方框长度代表各级能流量、生物量或个体数量的大小，并按营养级顺序由下而上叠置在一起（图 2-7）。

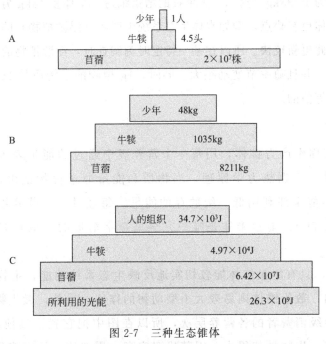

图 2-7　三种生态锥体

A—数量锥体；B—生物量锥体；C—能量锥体

生态锥体有以下三种形式。

1. 数量锥体

数量锥体表示食物链中各营养级之间的数量关系的生态锥体。如果以等高的、彼此重叠排列的长方形来表示肉食动物的食物链，而长方形的长度是与其所代表的营养级的个体数成比例，由此所得的图形称为数量金字塔。图 2-7A 就是一个数量金字塔图形，它说明如果一个男少年一年内仅以犊牛肉为食，则需 4.5 头牛犊，而这些牛犊需要 4hm² 的苜蓿来喂养它，这就叫做 Elton 氏数目金字塔。数目金字塔仅表示每营养级上生物个体数的相对多少，但个体的体积因种类不同而异。如蝗虫与老鼠，都是草食动物，但个体差异悬殊。可见，以数量作为计量生态系统的共同尺度，是有欠缺之处的，又如当许多小有机体靠吃某低一级的大有机体生活，例如大量寄生虫以一个寄主为生时，数目锥体的塔形就会发生颠倒。因此有人提出生物量锥体表示法。

2. 生物量锥体

用每一个营养级中相应的有机体生物量表示各营养级之间关系的生态锥体，生物量沿营养级之升高而减少。如前所述，在同一营养级上，有机体个体体积的大小常因物种而异，例如家兔与奶牛的个体体积相差很大。为了解决数量锥体所存在的这一缺陷，采用在同一级或不同级上以总的生物量或个体重量来表示，叫生物量锥体。这样，1g 重量的家兔组织等于 1g 奶牛的组织，图 2-7B 说明 4hm² 土地产苜蓿 8 211kg；喂养 4.5 头牛犊，年增重量为 1 035kg；这 4.5 头牛犊的增重维持一个体重 48kg 男少年的生命和健康。但生物量锥体也有缺点，例如水体生态系统生产者（浮游植物）的个体很小，代谢快，生命短，因此更新较快。所以在某一特定时刻调查时，浮游植物的生物量常低于浮游动物的生物量，并且随季节变动很大。同时，1g 植物的干物质与 1g 动物的干物质，在能量上并不是等值的。

3. 能量锥体

能量锥体又称生产力锥体，用每一个营养级中通过的能量表示各营养级之间关系的生态锥体。根据热力学原理，当物质和能量通过食物链由低向高流动时，高一级的生物不能全部利用低一级贮存的能量。每经过一个营养级，能量都要损耗一部分（图 2-7C）。能量锥体是唯一完全呈金字塔形的、最具有实用价值的生态锥体。

3 种锥体中，只有能量锥体能较切实地反映生态系统功能，生物量锥体易夸大大型动物的作用，数量锥体则易夸大小型动物的作用。另外，微生物分解对象包括由生产者直到顶级消费者的各营养层次，所以在图中把它置于其他次级消费者旁。微生物数量虽多，生物量却很小，因其代谢率高、周转快，故在能量代谢中可起很大作用。

五、 生态系统中的物质循环

1. 物质循环的基本概念

生态系统中生物的生存、生长和繁殖，必须依赖于生态系统的能量流动和物质循环。但是能量流动和物质循环在性质上是有差别的，能流在生态系统中是单向，它沿着食物链向顶端方向流动。一部分能量导致次一营养级熵值的增加，另一部分以热的形式而损耗，再也不能被重新利用。所以生态系统必须不断地从外界取得能量。如果说，能量来源于太阳，那么构成生物所需的物质则来源于地球，物质循环就是生物地球化学循环（biogeochemic cycles）。生态系统中的物质，主要指生物生命必需的各种营养元素，它通过各个营养级进行传递并连接起来，构成物质流。物质流动是循环的，各种有机物质最终经过还原者分解，重返环境中，进行再循环。因此生态系统中的能量流动和物质循环，二者紧密联系在一起，相辅相成构成一个统一的生态系统功能单位。

在自然界已知道的有一百余种元素，而构成生物有机体的元素约有 40 种。它们根据生物的需要可分为两大类：有机元素，如碳、氢、氧、氮等；无机元素，又分为常量元素，如钙、磷、氯、钾、镁、钠、硫等，占动物机体的 0.01% 以上；微量元素，如锌、硼、锰、钼、溴、钴、氟、碘、硅、锶、钛、镓、铅等，这些元素在生物体内含量很少，占动物机体的 0.01% 以下，但在生命活动中是不可缺少的，因为它们直接影响着生物的生长和发育。

研究物质在生态系统的循环，常用"库"这个概念来描述，它表示某一物质在生物或非生物中的大量贮存，贮存在非生物成分中的库，容积大而活动缓慢，称为贮存库；贮存在生物体或在他们环境之间，进行迅速交换（即来回活动）的较小而更活跃的部分称为交换库。例如对于碳来说，大气是一个库，动植物有机体又是一个库。没有库的吸收、固定、贮存，物质就不能成为可用的资源。又如空气中 78% 左右的气态氮，它只有靠土壤（库）中的固氮菌来吸收、固定，才能进入生态系统中，成为农业生态系统可利用的资源。没有库的吸收固定，气态氮虽多，在农业中也无法利用。元素在库与库之间的迁移，就是物质循环。

各种化学元素，在生物圈中沿着特定的途径从周围环境进入生物体，再从生物体回到环境，这种循环称为生物地球化学循环。那些对生存必不可少的各种元素和无机化合物，在环境、生产者、消费者和分解者之间的运动，称为营养物质循环（或生物循环）。

物质在单位时间、单位面积（或体积）的移动称为流通率。某物质的总量除以流通率即周转时间。周转率越大，周转时间越短。

物质循环按性质可分为二类：一类是气体型循环，主要贮存库是大气圈，物质以气态出现，如碳、氮、氧等。循的特点是循环的时间短，周转率高，流通量大，具有明显的全球性循环的特点，是一个完全的循环类型。另一类是沉积型循环，主要贮存库是岩石圈、土壤圈，如硫、磷、钙、铁、钠、钾等。沉积型循环主要是经过岩石的风化和分解作用，把贮存于库中的物质转变成为生态系统的生物利用的营养物质。这种转变过程相当缓慢，具有非全球性循环的特点，是一个不完善的循环类型。

2. 水循环

水是生物圈中最充足的无机化合物，它以液态水、固态水和气态水的状态存在于地球上。

地球上约有10亿多立方千米的水，其中海洋占97%，是咸水；淡水占3%，其中有3/4固体状态存在于地球两端，气态水所占比例很小。水在地球上的分布是很不均匀的。

水对各种化学反应起着极为重要的作用。水是一切生命的必要成分，是氢的来源。如果没有水和水的循环，物质的生物地球化学循环就不可能存在，生态系统的机能就不能运行，生命也不能存在。因此它与生物整个生命活动关系极为密切。

水在生物圈内的循环是由太阳能和地心引力结合而推动的。海洋和陆地在大量太阳能辐射下，每年约有488 000km^{3}水分蒸发到大气中。从海洋表面蒸发的水，以雨的形式降回海洋中，称水的内循环。如果海洋蒸发的水，随着气流进入陆地，而降落地面，其中部分水分再度蒸发重新返回大气圈，部分被陆地生态系统暂时保留，有些水分以地表径流的形式迅速返回水库、江、湖，重回海洋，成为海陆循环。其余的水渗入土壤，或是通过土壤慢慢地渗透为地下水，从地下水又可进入江、湖和海（图2-8）。

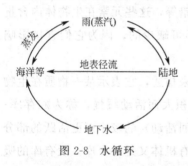

图2-8 水循环

绿色植物对地球的水循环过程具有重要作用。在生态系统中，近40%的太阳能用于植物的蒸腾作用。据研究每生产1kg干物质，平均要蒸腾1000kg的水，而在收获物中约有3%～5%的水被固定和转化。

大气中水的周转率很快，水蒸气在空中停留时间很短，从几小时到几个星期，平均9～10d可循环一次，土壤中的水循环一次约需280d，地下水要300年，海洋中的水全部更新一次约需37000年。

3. 碳循环

碳是一切有机体的基本成分，占有机体干重的49%。所有生物的碳均来源于CO_2，主要通过光合作用而固定贮存在有机体中。没有碳即没有生命。

碳的循环首先由绿色植物通过光合作用，吸收大气中的CO_2和水生成碳水化合物。每形成1kg葡萄糖等于贮藏15.48kJ能量，固定1.47kgCO_2。同时，植物在不断进行呼吸和发酵过程中，氧化单糖，产生CO_2和水，并释放能量。产生的这些CO_2，可被植物再度利用。这是碳的最简单的循环形式。

植物（碳水化合物）被动物采食后，碳水化合物能进入动物体内。这些碳除被固定一部分外，其余的又由呼吸作用回到大气。动物排泄物和动植物尸体中的碳，经微生物的分解作用再回到环境中，分解程度随环境的温湿度条件而变化。这就是碳循环的第二种形式。

地质中贮存大量的碳，据估计为碳总量的99%，动植物的残体埋藏在地层中，经过长期的地质作用，形成含碳物质，如泥炭、煤、石油、天然气，各种动物的骨骼、介壳均可成为碳酸盐岩石。岩石的风化和溶解、矿物燃料的燃烧、火山的活动，均将碳释放回到大气中。这是碳循环的第三种形式（图2-9）。

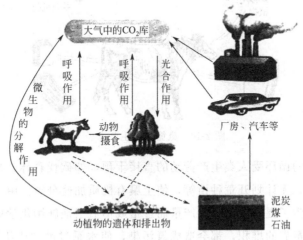

图 2-9 碳在生态系统中的循环

4. 氮循环

氮是氨基酸、各种蛋白质和核酸的主要成分，是一切生命结构的原料。农牧业生产中，对氮（蛋白质）历来均很重视，因为这是单位面积产量和畜产品质量的重要物质基础。气态氮约占大气组成的79%，是惰性气体，生物不能直接利用。这种分子态氮（N_2），仅能通过固氮作用，与氧结合成为硝酸盐（NO_3^-）和亚硝酸盐（NO_2^-），或者与氢结合形成氨（NH_2^+），才能被生物利用。自然界中有些生物具有固氮能力，如固氮菌、根瘤菌和蓝藻、绿藻等，他们能从大气中吸收分子态氮和氢结合成氨。由于闪电、宇宙线、陨石、火山活动等产生的氧化作用，可形成氮氧化物，这种氮氧化物随着雨水反应生成硝酸盐，降到地球表面，这也是自然固氮的一种途径。据估计，由此途径每年每公顷土地可得到氮8.9kg。

植物吸收硝酸盐和铵盐，并与体内的碳结合形成氨基酸、蛋白质、核酸、维生素等，除了一小部分由于燃烧和生物过程还原成为气态氮重返大气外，大部分有机分子通过草食动物的采食，转化为机体内各种类型的氨基酸。而动物的排泄物（粪和尿）和动植物尸体中的蛋白质，被微生物分解为简单的氨基酸，进而分解为氨、二氧化碳和水而返回环境，可能被植物再利用，也可能存留于腐殖质中被雨水淋洗，随着河流进入海洋，为水体生态系统所利用。陆地生物的固氮、大气闪电以及化肥的应用，可以弥补陆地氮素的损失，从而维持氮素的动态平衡。氮循环的主要途径如图2-10所示。

在一个自然的未受人类影响的生态系统中，氮的输出和输入维持着平衡状态。但在

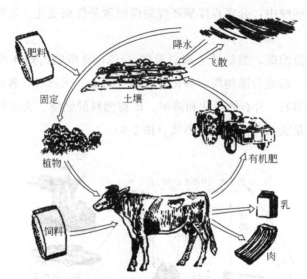

图 2-10　氮循环的主要途径

农牧业生产中，氮的循环受人类生产劳动的直接干预，如砍伐森林、开发草原、过度放牧、草原严重破坏、无计划开荒种植等，使土壤有机质加速分解。由于水土流失，营养物质随之被带走。为了提高农作物的产量而过量或不适当地施用化学氮肥和有机肥，以及生物污染、大量畜粪的堆积，都会造成氮污染，使水系过度"肥沃"，分解过程超过生产过程，细菌和生物大量死亡。这种富养化过程，使水系严重缺氧，底栖生物减少，鱼类和其他动物无法生存，因而危害很大。

　　在一个农牧结合良好的生态系统中，氮循环能保持良好的平衡。植物从土壤中吸收硝酸盐类，固定在体内；草食动物食用后以粪尿排出回到土壤。与此同时，人们还为这个系统输入适宜的肥料，为畜禽提供全价饲料，并从这个系统中输出畜产品——乳、肉、蛋；通过人为的调节，使生态系统保持动态的氮平衡，这无疑对人类的健康和农牧业生产均有很大意义。图 2-10 是一个管理良好的农牧生态系统中的氮循环情况。

　　5. 磷循环

　　磷是生物有机体重要元素，高能磷酸键在二磷酸腺苷（DTP）和三磷酸腺苷（ATP）之间进行可逆性移动，它是细胞内一切生化作用的能量来源。植物在光合作用中产生的糖，如果没有磷酸化，碳就无法固定。所以在每个腺苷分子中，均有一个磷原子。没有磷即没有生命。

　　磷的主要贮存库是地壳。磷循环是典型的沉积循环。在农业生态系统中，岩石和土壤风化所释放的磷以及施入农田的磷肥，由植物吸收合成原生质，然后通过草食动物、肉食动物、寄生生物等在陆地或水体生态系统中循环，最后通过还原者把死物、废料（植物枯枝落叶等）、排泄物和尸体进行分解再回到环境中去，又为有机体所利用。凡不溶性的磷酸盐，在陆地表面都发生磷矿化，或流入海洋而沉积，或在水体生态系统中被浮游动植物吸收和利用，进行水体循环。人类捕捞鱼类，使一部分磷重返陆地循环。据考克斯（COX，1979）报道，陆地每年沉入海洋中磷素为 1400 万吨，通过海鸟、海鱼

（被捕捞）回到陆地的磷素仅为 10 万吨。另据测定，在 $1hm^2$ 草地中有五氧化二磷约 65kg，饲养二头奶牛，一年生产的牛乳中，含磷量达 15kg。因此在草地生态系统中，大约经过 4 年时间，即可将草地中的磷通过土壤-牧草-奶牛-牛乳的程序而搬运走。因此许多地区生态系统中含磷量很低，必须通过合理施用磷肥来补偿。

6. 硫循环

硫在生物有机体中含量很少，但十分重要，它是蛋白质造型不可缺少的原料。硫的功能是以硫链连接蛋白质分子，硫链的形成与解离，构成了生物体的氧化还原过程，调节着生物体内的各种氧化、还原反应过程的进行。

硫的循环属沉积型，也属气体型。大气中的硫化氢（H_2S）和二氧化硫（SO_2）主要来自岩石中的无机盐类。有机物质和矿石燃料的燃烧、火山的爆发、海水散发和分解等过程中释放含硫气体，再经过降雨的作用形成可溶性的硫酸盐及硫酸等进入土壤，经过微生物的作用，分解为可溶性盐类被植物根吸收利用。植物被草食动物利用后，其排泄物和尸体经微生物分解，硫又回到土壤和大气中；如果流入水系，则沉积在水底。

人类活动对硫的循环有很大的影响。据研究，通过燃烧矿石燃料每年输入大气的二氧化硫达 1.47 亿吨，其中 70% 是由煤的燃烧而来。SO_2 在大气中与水反应形成硫酸，对人和动物均有不良影响，只要有 10^{-7} 浓度就会刺激呼吸道，引起支气管性气喘。如果空气中硫的浓度超过 $1g/m^3$ 就成为灾害性的空气污染。三十年来，全国癌症死亡率增长 1.45 倍，在死亡原因中从第九位上升到第二位，这与环境中化学致癌物质增多有密切关系。研究证实，在燃烧和炼焦过程中排放的苯丙 $[a]$ 芘等多环芳烃类化合物有致癌作用。冶炼业排放的二氧化硫也能促使癌症的发生。二氧化硫还能形成酸雨（亚硫酸），进入湖泊，造成大量鱼类和水生植物的死亡，代之以各种新型藻类，破坏水系生态平衡；酸雨使陆地植物也同样遭受损害，使禾苗枯死，森林病害发生，并破坏土壤肥力，对人类健康也直接带来不良影响。

生物在生命活动中还需要大量其他各种元素。这些元素的循环形式，大部分与上述各元素基本相似，有的我们了解不多，尚需继续深入研究。在不同地理环境和不同的生态系统条件下，各种元素及其化合物的数量、质量、分布与循环规律是有差异的。但物质循环的基本规律告诉我们，必须设法保持良好生态系统的相对稳定，在人类活动强烈干预条件下，尤应如此。人们从生态系统中取走的各种物质，应该通过各种渠道归还之，否则就会造成某些元素的不足，导致生态系统的退化。

六、 食物链、 食物网和营养级

1. 食物链

生态系统中生物各种群之间的基本联系，靠以食物为中心的摄食、被摄食关系而连接在一起，具有一定序列顺序，联成一个整体，这称为食物链。食物链是生态系统中能流和物质循环的主要运转途径。我国谚语"大鱼吃小鱼，小鱼吃虾米，虾米吃泥巴"，就是对生物食物链概念的生动描述。研究食物链对认识生态系统的能量转化和物质循环，以及进一步对地球化学环境的生物进行控制，具有重要意义。

在生态系统中，食物链的形式比较复杂多样，但概括起来基本上有三种类型。

（1）牧食食物链　牧食食物链又称草食食物链或捕食食物链。以绿色植物为食料开始，植物被草食动物所食，草食动物又被肉食动物所食。随着一级一级的捕食，动物个体由小变大，数量由多到少。这也是物种从低级到高级的进化表现。如水体的"浮游植物-浮游动物-草食性鱼类-肉食性鱼类"的食物链，水稻田的"杂草-浮游植物-浮游动物-昆虫-青蛙-鸭"的食物链，都是很好的例证。

（2）寄生食物链　在寄生食物链中，消费者属寄生生物，其食料供应关系是以大养小，数量趋增，形成寄主与寄生关系的食物链。人畜体内外寄生虫所构成的食物链如"哺乳动物-跳蚤-原生动物（细滴虫）"，昆虫中的"鳞翅目-寄生蝇-寄生蜂"等，都属于这一类。

（3）腐屑食物链　腐屑食物链又称腐生食物链或残食食物链。由在生态系统中未被牧食食物链利用的碎屑有机物（如动植物残体等）提供能源，然后转移给大型生物，而构成新的食物链。人们利用牛粪、稻草栽培蘑菇、草菇、饲养蚯蚓、培养虫蛆等，是腐屑食物链在农业上应用的实例。

食物链的最后一个环节是破坏者，它们分解有机物质。由于微生物的活动，有机物质被分解为无机物质而返回到无机界。不同生态系统，由于气温、湿度等的差异，对腐屑物的分解比例和物质循环的强度是不一样，如北方寒冷气温低，湿度大，微生物活动强度低，腐屑物的分解缓慢，有机质积累多，而热带高温、高湿地区，微生物活动强度大，有机质分解速度快、周转快，有机质积累也少。

2. 食物网

在自然界的一个生物群落中，生物与生物之间的摄食关系实际上并不像上述食物链那样简单。在动物中草食动物、肉食动物、杂食动物，每种动物的食物常常不只是一种。因此各生物成员之间的食物联系是彼此间纵横交错的，形成了多方面联结的食物网，见图2-11。

食物网是自然界普遍存在的现象，各生物之间，相互矛盾，又相互依存。如果某一种群数量突然发生变化，必然影响整个食物网。例如美洲的一个森林草原，长期饲养鹿群，它与生态环境处在相对稳定的平衡状态。随着生产的发展，当地人为了扩大鹿群生产，就大量捕杀鹿的天敌——狼、山狗、豹等肉食兽，结果鹿群得到迅速发展。但由于饲草不足，鹿只好吃树叶、树枝而且采食部位愈来愈高，导致树木大量枯死，鹿也因饥饿而大批死亡。死亡的鹿数，远远超过了以前被肉食动物吃掉的数量，而且生态环境遭到了严重的破坏。

生态系统的食物链不是固定不变的，它不仅在进化历史上有改变，即在短时间内也有改变。例如动物在个体发育的不同阶段，食性可能不同；季节的变迁，引起主要食物

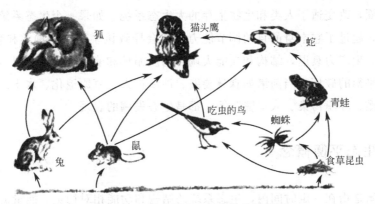

图 2-11 温带草原生态系统食物网简图

组成的变化，动物的食性也发生变化，均会导致食物结构的改变。因此食物链往往具有暂时的性质。

3. 营养级

生态学上将食物链中的一个个环节，称为营养级或营养层次。如生产者植物为第一营养级，草食动物消费者为第二营养级，肉食动物消费者为第三营养级，还有第四、第五营养级。

上述食物链通常不超过五个环节，因为食物链的每个消费者只能转变食物能源的5%～20%成为自己的原生质。

在人类控制和影响的牧业生态系统中，牧业食物链是非常简单的，如紫花苜蓿-牛-人，玉米-猪-人，高粱-鸡-人。为了提高经济效益，增加净生产量，使牧业生态系统为人类提供更多的食物和提高其生态效益，应注意以下三点：第一，建立能量损失少的食物链，提高能量转化率，缩短食物链，食物链缩短，可利用的能量就越大；第二，培育将草转化为乳、肉的效率高的家畜新品种；第三，农业生态系统的产品输出中，估计有20%～55%人类不能直接利用，可经腐屑食物链再转化，以增加产品输出，提高系统效益。

单元六 生态平衡

学习目标

通过分析生态失衡的主要原因，能提出保护生态平衡的基本措施。

生态平衡之所以引起人们重视，是由于人类活动范围日益扩大，正在直接和间接地影响着生物圈，改变适于人类和生物生存的大生态系统。如果一个生态系统受到外界的干扰、破坏，超过了它本身的自动调节能力，就会导致该系统生物种类和数量的减少，生物量下降，生产力衰退，结构和功能失调，物质循环和能量交换受到阻碍，最终导致该系统生态平衡的破坏。当前诸如森林萎缩、沙漠扩大、草原退化、水土流失、风沙肆虐、洪水泛滥、环境污染、人口膨胀等，都是生态失调的表现。

一、 生态平衡概念

生态平衡是指在一定时间内，生态系统的结构和功能相对稳定，能量流动和物质循环在生产者、消费者、分解者、无机环境之间以及本系统与外界环境之间处于动态平衡。

生态平衡包括生态系统的结构平衡和功能平衡。结构平衡是指生态系统中的生产者、消费者、分解者在种类和能量上能较长时间地保持相对稳定。功能平衡是指生态系统的物质和能量的输入和输出基本相等。

二、 生态平衡的特征

生态平衡的特征如下。

生态系统中的生产者、消费者、分解者的种类和数量保持相对稳定；具有比较稳定的食物链和食物网；在各组成成分之间，物质和能量的输入和输出保持相对平衡。如在一个牧业生态系统中，各生物种群组成合理，数量合适，都能很好地生长发育，食物链营养结构相互适应协调，环境与生物群落相互适应，并具有良好的自控和调节功能，这个系统就是平衡的。

生态平衡是一种动态平衡，平衡是相对的。由平衡到不平衡再到新的平衡，不断循环往复。维护生态相对平衡，避免生态失调，则能使人类的生产、生活在相对稳定的生态条件下得以健康的发展。

生态平衡良好的系统状态表现为以下几方面。

① 生物种类组成，种群数量，食物链营养结构彼此协调，组合正常；

② 能量和物质的输入与输出基本相等，物质贮存量相对稳定；

③ 信息传递畅通；

④ 环境质量保持良好，生物群落与无机环境相互适应、协调；

⑤ 生物种达到最高和最适量，物种间彼此适应，相互制约，并保持一定数量的种群，能够排斥其他种生物侵入。

三、 生态系统自动调节能力的大小

生态系统有一定的弹性，所以有一定的调节能力。生态系统内某一环节，在允许的限度内，如果产生变化，则整个系统可以进行适当调节，维持相对稳定的状态。受到轻度破坏后可以自我修复。

一般来说，人工建造的生态系统，组分单纯，结构简单，自我调节能力较差，对于剧烈的干扰比较敏感，生态平衡通常是脆弱的，容易遭到破坏。反之，生物群落中的物种多样，食物链（网）复杂，能流和物流多渠道运行，则系统的自我调节能力就强，生态平衡就容易维护。具体来说，有以下四点判定依据。

① 生态系统空间范围的大小；

② 生态系统中生物的种类数；

③ 生态系统中食物链的条数；

④ 生态系统中各种生物的数量分配。

例如长江以南地区，针叶和阔叶混交林生态系统中，生物种类较多，若某种动物大量减少，甚至消失，仍可能由另外动物顶替它在食物链中的位置，从而生态平衡得以继续保持；而长江以南地区人工营造的马尾松林，常因松毛虫爆发成灾，使成片马尾松死亡。

四、 生态阈限

生态系统虽然具有自我调节能力，但只能在一定范围内、一定条件下起作用，如果干扰过大，超出了生态系统本身的调节能力，生态平衡就会被破坏，这个临界限度称为生态阈限。

生态阈限决定于环境的质量和生物的数量。在阈限内，生态系统能承受一定程度的外界压力和冲击，具有一定程度的自我调节能力。超过阈限，自我调节不再起作用，系统也就难于回到最初的生态平衡状态。生态阈限的大小决定于生态系统的成熟程度。生态系统越成熟，它的种类组成越多，营养结构越复杂，稳定性越大，对外界的压力或冲击的抵抗能力也越大，即阈值高；相反一个简单的人工生态系统，则阈值低。

人是生态系统中最活跃、最积极的因素，人类活动愈来愈强烈地影响着生态系统的相对平衡。人类用强大的技术力量，改变着生态系统的面貌。当外界干扰远远超过了生态阈限，生态系统的自我调节能力已不能抵御，从而不能恢复到原初状态时，则称为"生态失调"。例如，草原应有合理的载畜量，超过了最大适宜载畜量，草原就会退化；森林应有合理的采伐量，采伐量超过生长量，必然引起森林的衰退；污染物的排放量不能超过环境的自净能力，否则就会造成环境污染，危及生物的正常生活，甚至死亡等。

生态失调的基本标志，可以从生态系统的结构和功能这两方面的不同水平上表现出来，诸如一个或几个组分缺损，生产者或消费者种群结构变化，能量流动受阻，食物链中断等。我们经营管理生态系统，虽然不是原封不动地保持生态系统的自然状态，但是也要严格地注意生态阈限，必须以阈值为标准，使具有再生能力的生物资源得到最好的恢复和发展。

五、 生态平衡失调原因

当生态系统受到自然和人为因素的干扰，超越了生态系统自我调控的能力时，则使生态系统结构与功能受到破坏，物质循环和能量流动输入与输出不平衡，造成环境恶化。

破坏生态平衡的因素有自然因素和人为因素。

1. 自然因素

自然因素如水灾、旱灾、地震、台风、山崩、海啸等，都可能导致生态失衡。由自然因素引起的生态平衡破坏称为第一环境问题。

2. 人为因素

由人为因素引起的生态平衡破坏称为第二环境问题。人为因素是造成生态平衡失调的主要原因。人为因素主要有以下三方面。

(1) 使环境因素改变　如人类的生产和生活活动产生大量的废气、废水、垃圾等，不断排放到环境中；人类对自然资源不合理利用或掠夺性利用，例如盲目开荒、滥砍森林、水面过围、草原超载等，都会使环境质量恶化，产生近期或远期效应，使生态平衡失调。

(2) 使生物种类改变　在生态系统中，盲目增加一个物种，有可能使生态平衡遭受破坏。例如美国于 1929 年开凿的韦兰运河，把内陆水系与海洋沟通，导致八目鳗进入内陆水系，使鳟鱼年产量由 2000 万千克减至 5000kg，严重破坏了内陆水产资源。在一个生态系统减少一个物种，也有可能使生态平衡遭到破坏。20 世纪 50 年代中国曾大量捕杀过麻雀，致使一些地区虫害严重。究其原因，就在于害虫天敌麻雀被捕杀，害虫失去了自然抑制因素所致。

(3) 对生物信息系统的破坏　生物与生物之间彼此靠信息联系才能保持其集群性和正常的繁衍。人为地向环境中施放某种物质，干扰或破坏了生物间的信息联系，有可能使生态平衡失调或遭到破坏。例如自然界中有许多昆虫靠分泌释放性外激素引诱同种雄性成虫交尾，如果人们向大气中排放的污染物能与之发生化学反应，则雌虫的性外激素就失去了引诱雄虫的生理活性，结果势必影响昆虫交尾和繁殖，最后导致种群数量下降甚至消失。

生态系统的平衡往往是大自然经过了很长时间才建立起来的动态平衡。一旦受到破坏，有些平衡就无法重建，带来的恶果可能是人的努力无法弥补的。因此人类要尊重生态平衡，帮助维护这个平衡，而绝不要轻易去破坏它。

六、 保持生态平衡的基本措施

1. 加强宣传，提高认识

生态平衡一旦被破坏，将会给人类带来或大或小的影响，所以要提倡大家都养成热爱大自然、爱惜动植物的良好意识，共同维护地球的生态平衡。

2. 组织优质高产的生态系统

如保护森林资源，合理利用和建设草地，发展草食家畜、节粮型畜牧业，种优质牧草等。优化农田生态结构，使农、林、牧有机结合。

3. 优化生产方法，防止环境污染

治理"三废"；发挥生态系统的净化作用，加强绿化；加强生物防治，利用生物间的相互制约、食和被食的关系，保持生态系统的平衡。

4. 发展科学技术，合理利用自然资源

通过不断发展科学技术，充分合理利用自然资源，特别是合理利用那些"不可再生产的资源"，如煤、石油、金属、矿藏等。

1. 谈谈畜牧生产中影响生产效益的环境因素都有哪些？

2. 温度和光照如何影响动物的生长发育及生产性能？在生产中怎样采取合理措施加以控制？

3. 讨论：骆驼是怎样适应沙漠气候这种特殊生活环境的？

4. 大家知道化肥是怎样发明的吗？大家知道"木桶理论"吗？试说明之。

5. 最小因子定律、耐受性定律、限制因子在畜牧生产中的应用实例都有哪些？如何更好地利用这些规律以获得更好的畜牧生产效益？

6. 分析赛达伯格湖的能量流动过程。

7. 对目前全球范围的生态平衡状况如何评价？是哪些原因引起的生态失衡？我们该怎么做？

项目三
生态农牧业的产生与发展

单元一　生态农业的产生与发展

学习目标

了解我国目前的生态农业、生态畜牧业发展现状；
掌握国家有关生态农牧业发展的最新政策。

　　自第二次世界大战以来，世界农业进入"石油农业"阶段：即通过投入大量的机械、化肥、农药等换取农业的高产量。我国自 20 世纪 70 年代以来，进入"石油农业"时代。

　　"石油农业"极大地提高了农业劳动生产率和农产品产量，但通过投入大量矿物能源，而换取高产的农业生产却得不偿失。由于大量直接燃烧石油以及无节制地使用化肥和农药等，石油农业带来资源枯竭、能源紧张、环境污染、土壤理化性变差、肥力下降、土肥严重流失等负面影响，造成农牧业生态环境的破坏和恶性循环。有人尖锐地指出："石油农业"不管它的产量多高，经济效益多好，实际上只是抢在大灾难前面拾到一点好处而已。因此，"石油农业"只能在农业发展历史上存在一个短暂的阶段，其路子必然越走越窄。

　　过分依赖石油的农牧业，使生物地球化学循环受到严重干扰，已不能维持农牧业生产的繁荣。

　　如何充分合理地利用自然资源，保护环境和农牧业生态的稳定和持续的发展？传统农牧业解决不了，石油农业使问题更加严峻。因此，未来农业的发展必须另辟其他途径，这就是生态农业。只有生态农牧业的研究与发展，才是正确途径。

一、　生态农业的涵义与特点

生态农业就是运用生态学原理和系统科学方法，把现代科学成果与传统农业技术的精华相结合而建立起来的具有生态合理性、功能良性循环的一种农业体系（王松良等，1999）。美国土壤学家 W·Albreche 于 1970 年最初提出。

与有机农业相比，生态农业更强调建立生态平衡和物质循环，甚至把种植业、畜牧业和农产品加工业结合起来，形成一个物质大循环系统。

生态农业具有以下几个特点。

① 强调物质循环、物质转化；

② 资源利用与环境保护相协调，经济效益与生态效益相统一；

③ 种、养、加相结合；

④ 最大特点：从整体出发，进行整体协调，追求整体效益。

二、　我国生态农业建设的历程和成绩

我国生态农业实践有着非常悠久的历史，从一定意义上来说，中国几千年的农业生产大部分时间就是生态农业的实践。我国战国时期的书籍《吕氏春秋》中明确指出"夫稼，为之者人也，生之者地也，养殖者天也"，意思是庄稼的耕作者是人类，生长的地方是土地，滋养它的是天。《齐民要术》中使用天地人"三才"思想提出"顺天时，量地力，则用少力而成功多"，意思是只要顺应天时，按照土地实际情况实行耕作，则会低投入高产出。朴素的食物链关系早在《诗经》中有记载，明清时期珠江流域和太湖流域已形成了我国初级生态农业模式，出现了"池内养鱼，地上植桑，毫无废弃之地"，明末清初《补农书》中也有关于庭院生态系统的记载。

而现代生态农业的产生和发展则是最近几十年的事情。化肥和农药的过量使用导致农业环境污染严重，农业灌溉用水的大幅度增加导致水资源过量开采，过度垦荒、滥采滥伐及超载放牧也导致土壤沙化现象严重。针对这些问题，我国的农业学专家、学者、农民开始探索我国农业发展的方向和思路，开始进行相关的实践活动，我国现代生态农业随之兴起。

概括来说，我国生态农业的发展，经历了三个阶段：起步阶段、探索阶段、稳定发展阶段。

1. 起步阶段

20 世纪 70 年代末到 80 年代初，其主要标志是学术界对我国农业发展道路进行了广泛的讨论，明确提出了生态农业的概念，初步阐述了生态农业的基本原理，启动了生态农业试点。在 1980 年中国农业经济学会在银川召开的"农业生态经济问题学术讨论

会"上，西南农业大学的叶谦吉教授首次提出了"生态农业"的概念，他认为农业的未来要求在农业生态系统中主宰一切的人，必须善于遵循自然规律和经济规律办事，立足当前放眼未来，多起积极维护作用，尽量少起或不起消极破坏作用，避免以致根除恶性循环，力求促进和维护良性循环，为我们这代人以及子孙后代创造一个理想的经常保持最佳平衡状态的生态系统，这种生态系统就是生态农业。1981年著名生态学家马世骏院士在"农业生态工程学术讨论会"上提出了"整体、循环、协调、再生"的生态工程建设原理，对生态农业的发展进行了理论上的阐述。一部分农业科研单位和院校以及农业县开始进行生态农业试点。山西省闻喜县、辽宁省大洼县、湖南南县等地出现了一批"生态农业户"、"沼气生态户"、"生态示范户"等，北京市环境保护研究所在北京大兴区留民营村建立了生态农业试点，成为中国第一个生态农业村。农业部也选择不同类型的六个典型开始进行试点。

2. 探索阶段

1984～1992年，这一阶段的标志是完善了生态农业的概念，对农业系统中的各个方面进行了全面探索，出版了一批生态农业专著，从物质与能量、结构与功能、系统设计与效益评价等方面对生态农业系统进行了研究，初步形成了具有中国特色的生态农业理论体系，生态农业试点规模进一步扩大。1984年5月，国务院在"关于环境保护工作的决定"中指出"要认真保护农业生态环境，积极推广生态农业，防止农业环境的污染与破坏"，生态农业已经上升到政府行为。1987年，马世骏和李松华主编的《中国的农业生态工程》一书中明确提出"将生态工程原理应用于农业建设"，"合理组合农林牧副渔以及加工等的比例，实现经济效益、生态效益、社会效益三结合的农业生产体系"，这是第一部全面系统阐述生态农业的著作。同时生态农业的试点规模进一步加大。江苏省大丰市率先开始进行生态县建设试点后，山东省五莲县等地方也陆续进行了生态农业试点。1991年5月，农业部、林业部、国家环保局、中国生态学会、中国农业生态经济学会在河北省迁安县召开了"全国生态农业（林业）县建设经验交流会"，会议指出要在现有生态农业试点的基础上，在三江平原、内蒙古牧区、松辽平原、黄淮海地区、黄土高原、河套地区、四川盆地、江汉平原、华南丘陵、云贵高原、京津塘郊区、沿海经济技术开发区等十二个区域，建设成熟、适于大面积推广的生态农业试验区。

3. 稳定发展阶段

1993年至今，突出标志是全国性生态农业县建设试点工作全面展开，生态农业理论与方法研究不断深化，并被世界认为是促进发展中国家可持续发展的典范。1993年，《中国生态农业学报》正式创刊，为中国生态农业的发展提供了一个稳定的学术与经验交流平台。《生态农业的理论与方法》、《中国生态农业实用模式与技术》、《食物链与农牧结合生态工程》等关于生态农业理论和方法的论著陆续出版。同年召开了"第一次全国生态农业建设工作会议"，重点部署了 51 个县开展县域生态农业建设。1994 年国务院颁布了促进生态农业发展的决定。1995 年，中共中央五中全会《关于制定国民经济和社会发展"九五"计划和 2010 年远景目标的建议》中，再次强调："发展生态农业，保护农村生态环境。"1996 年在北京召开的"国际生态工程会议"上，以生态农业为代表的中国生态工程被称为实现可持续发展的重要途径，联合国教科文组织赞誉我国生态农业在可持续发展中起到了先锋作用。

2000 年 3 月，国家七部委在北京召开了"第二次全国生态农业县建设工作会议"，对第一批 51 个县的试点工作进行了总结，并对第二批 50 个示范县工作进行了安排部署，同时提出要在全国大力推广和发展生态农业。生态农业建设取得了初步成效。根据调查，开展生态农业建设后粮食总产量增长幅度平均为 15% 以上，人均收入水平高于当地环境水平的 12%，水土流失面积减少了 49%，秸秆还田率增加了 13%，废气废水处理达标率及固体废弃物利用率分别提高 24%、45% 和 34%。生态环境明显改善，提高了农业和可持续发展的后劲。

2001 年的人口资源环境工作座谈会上，进一步指出："要结合农业结构调整，积极发展生态农业、有机农业，使农药、化肥使用量降低到一个合理的水平，控制农业污染源，保证农产品安全。"2002 年，农业部科技教育司向全国征集中国生态农业技术与典型经验模式推荐书，到 9 月底共收到推荐书 370 份。经认真研究、分析、分类评审和归类排序，提炼形成了技术成熟、效果明显、具有较高推广价值的《中国生态农业十大模式和技术》，即：北方"四位一体"生态模式及配套技术、南方"猪-沼-果"生态模式及配套技术、平原农林牧复合生态模式及配套技术、草地生态恢复与持续利用模式及配套技术、生态种植模式及配套技术、生态畜牧业生产模式及配套技术、生态渔业生产模式及配套技术、丘陵山区小流域综合治理利用型生态农业模式及配套技术、设施生态农业模式及配套技术、观光生态农业模式及配套技术。

2011 年，《全国农业和农村经济发展第十二个五年规划》发布，规划中再次明确"必须按照高产、优质、高效、生态、安全的要求，加快转变农业发展方式"，要"提高农业综合生产能力"，"加强农村生态环境保护"，"强化农业生态保护和农业面源污染治理，加快开发以农作物秸秆为主要原料的肥料、饲料、工业原料和生物质燃料，推进畜禽粪便等农业废弃物无害化处理和资源化利用"。

经过多年的发展，目前我国生态农业取得了长足的进步，逐渐成为农业现代化生产的一种新方式。已有不同类型、不同规模的生态农业试点达 2000 多个，遍及全国 30 个省和 4 个直辖市。初步形成了经济增长、生态优化、健康文明的良好局面，也逐渐建立了具有中国特色的生态农业技术理论体系，总结、完善了一系列适应于不同区域特点的生态农业模式，建立了各部门分工合作、密切配合、齐抓共管的管理机制，初步形成了国家、集体、个人投入相结合的市场运作方式。

三、 我国生态农业县建设模式

1. 生态脆弱地区生态农业县的发展模式

黄河中上游、长江中上游、三北风沙地区及其他以山区、高原为主的自然经济条件较差的县域，如陕西延安、内蒙古翁牛特旗等地实行"治理与结构优化型"生态农业发展形式，主要任务是植被恢复、基本农田建设、结构调整。

2. 生态资源优势区生态农业县的发展模式

南方交通不便，但生态资源、环境良好的经济不发达地区实行"生态保护与生态发展型"生态农业发展形式，重点开发特色产品。

3. 农业主产区生态农业县的发展模式

商品粮、棉、油主产区，以平原为主，种养业发达，如辽宁昌图等地实行"农牧结合型加工增值模式"，以农牧结合为基础，发展农副产品加工业，建立资源高效利用型产业化生态农业技术体系。

4. 沿海和城郊经济发达区生态农业县的发展模式

经济发达，农业产业化水平、整体技术水平高的地区，如北京大兴区、广东东莞市等地实行"技术先导精品型"生态农业发展形式，重点发展中高档优质农副产品。

单元二 生态畜牧业的产生与发展

一、 生态畜牧业的产生与发展

人类开始驯养动物时，就注意到了其对环境的影响，并且采用一些力所能及的措施，使养殖获得成功。随着历史的发展，人们的观察逐渐深入，经验也日益丰富起来，因此在古籍中有不少关于生物与环境的关系的记载。例如，《周礼、交官、职方氏》具体地指出古九州的自然环境、农产品和畜产品的资源分布情况："东南曰扬州……其畜宜鸟兽，其谷宜稻。正南曰荆州……其畜宜鸟兽，其谷宜稻。河南曰豫州……其畜宜六扰（指马牛羊豕犬鸡），其谷宜五种。正东曰青州……其畜宜六扰，其谷宜四种。正西曰雍州……其畜宜牛马，其谷宜黍稷。东北曰幽州……其畜宜四扰，其谷宜三种……"

明代李时珍的《本草纲目》根据生态地理条件，对各地猪的形态特征，进行了高度的概括，指出"猪天下畜之，而各有不同。生青兖徐淮者耳大，生燕冀者皮厚，生梁雍者足短，生辽东者头白，生江南者耳小（谓之江猪），生岭南白而极肥"。

清光绪年间出版的地方志记载：常熟一家姓谭的兄弟，在一块天然的湖滨低洼地上，选择最低的地方，用人工挖出上百个池塘，池塘中放养鱼苗，池塘的上面搭上架子，盖了猪舍和鸡笼。猪、鸡粪便喂鱼，同时充分利用了水面上部空间。把建造水池挖掘出来的泥土，在池塘的周围，垫起了土埂，平出了农田，高处种梅、桃等果树，低处建造了菜畦，种了四时供应的蔬菜。在另外些沼地上种了菱、苋等水生植物和蓖麻。通过这种经营方法，比平整的好地经济收入高了 3 倍。

国外史书在这方面也有大量记载。

但生态畜牧业成为一门科学，只是最近几十年的事。它的形成，是以普通生态学和畜牧学的迅速发展为基础的。现在，具有中国特色的生态畜牧系统工程模式，已经遍布全国各地，生态畜牧业在祖国大地上呈现出一派生气勃勃的景象。如天津宁河原种猪场的肉猪养殖生态工程，陕西省的肉牛、肉羊生态养殖产业化工程，上海崇明岛东风奶牛场的奶牛生态养殖工程，江苏南京市古泉村的禽类养殖生态工程，都走出了各具特色的生态化畜牧业发展之路，创造了良好的经济效益和社会效益。

二、 畜禽养殖生态农业模式

畜禽养殖生态农业模式作为农业生态模式的重要组成部分，已广泛用于生态农业建设中。畜禽养殖生态农业模式是把生态学、生态经济学和系统科学的理论与方法用于畜牧实践而发展起来的一个新领域。它吸收了现代科学技术的成就和中国传统农业的精华，组建成以畜牧业为中心，动物、植物、微生物相匹配的复合畜牧水产体系，形成一个生态、经济、社会效益俱佳、可持续发展的人工农业生态系统。依据陆地、水体及水陆交错带的生物学特性，畜禽养殖生态农业模式强调资源的合理利用，避免或减少养殖业本身对环境造成的污染，实现经济、生态、社会效益的统一。

1. 概念

畜禽养殖生态农业模式就是应用生态学、生态经济学与系统科学基本原理，吸收现代科学技术成就与传统农业中的精华，以畜牧业为中心，并将相应的植物、动物、微生物等生物种群匹配组合起来，形成合力有效、利用多种资源，防治和治理农村环境污染，实现经济效益、生态效益和社会效益三统一的高效、稳定、持续发展的人工复合生态系统。它的全过程是畜牧业内部多畜种或牧、农、渔、加工等多产业的优化组合，是相对应的多种技术的配套与综合。

2. 基本特点

畜禽养殖生态农业模式本身包括传统畜牧业的内容，但不是简单的多项技术的叠加，他们是两个不同的概念，其主要区别有下列几个方面。

首先，畜禽养殖生态农业模式所涉及的领域，不仅包括畜牧业的范畴，也包括种植业、林业、草业、渔业、农副产品加工、农村能源、农村环保等，实际是农业各业的综合。

其次，从追求目标上看，传统养殖重于单一经济目标的实习，而畜禽养殖生态农业模式不只是考虑经济效益，而是经济效益、生态效益、社会效益并重。谋求生态与经济的统一，从而使生产经营过程既能利用资源，又有利于保持良好的生态环境。

第三，从指导理论看，畜禽养殖生态农业模式除了动物饲养等专业学科理论外，主要是以生态学、生态经济学、系统科学原理为主导理论基础。

第四，畜禽养殖生态农业模式把种植、养殖合理地安排在一个系统的不同空间，既增加了生物种群和个体的数目，又充分地利用土地、水分、热量等自然资源，有利于保持生态平衡。

此外，畜禽养殖生态农业模式注重太阳能或自然资源最合理的利用与转化，各级产成品与"废品"合理利用与转化增值，把无效损失降低到最低限。

3. 组成和分类

畜禽养殖生态农业模式是由生物、环境、人类生产活动和社会经济条件等多因素组成。就每一种模式来看，范围有大有小，可以搞小范围家庭畜禽养殖生态农业模式或生态养殖场，也可以大水体（湖泊、水库）复合畜禽养殖生态农业模式。不管哪一种具体形式，一般都包括农业生物、生存环境、农业技术与管理、农业输入（包括劳力、资金输入，农用工业及能源，农业科技投入等）、农畜产品及加工产品输出 5 项重要组成部分。

畜禽养殖生态农业模式最基本的特征是功能上的综合性。因此，它包括的内容十分复杂。根据养殖动物生活环境的不同，可以把畜禽养殖生态农业模式分为陆地、水体、水陆三大类。

查找我国最新有关生态农牧业发展的相应政策。

项目四
我国典型生态养殖模式分析

单元一 北方"四位一体" 模式分析与推广

学习目标

能够正确分析我国现有典型生态养殖模式的优缺点，并借鉴经验，用以指导创业实践。

农村可再生能源高效利用是发展中国家面临的重大课题，如何解决这一问题也是许多国家共同关心的。

从目前我国农村能源结构来看，可再生能源占绝大部分，其中最主要的包括生物质能、太阳能、风能等。因此农村能源不仅和农业生产过程的能量流动有关，而且和物质循环过程有关，农村能源是支持系统平衡的基本物质之一，如作物秸秆、人畜粪尿中的营养成分都是构成土壤生态平衡的基本因素。农村能源资源的不合理开发利用，可直接造成农业生态破坏和不平衡。

农村可再生能源高效利用必须基于大系统的观点，把农村能源的建设与农业生态环境的改善结合起来，贯彻因地制宜、多能互补、多层次利用、经济效益与生态效益并重的原则。"四位一体"工程将为补充农村能源、合理利用自然资源、提高土地生产力、改善生态环境等问题提供有益的借鉴。特别是对于推动菜篮子工程，促进中小城镇农村经济的持续稳定发展，提高农民生活水平，加速城乡社会主义现代化建设进程具有一定的指导意义。

一、 基本模式（基于北方庭院）

所谓"四位一体"是指沼气池、保护地栽培大棚蔬菜、日光温室养猪（禽）及厕所四个因子，合理配置，最终形成以太阳能、沼气为能源，以人畜粪尿为肥源，种植业（蔬菜）、养殖业（猪、鸡）相结合的保护地"四位一体"能源高效利用型复合农业生态工程（图4-1）。

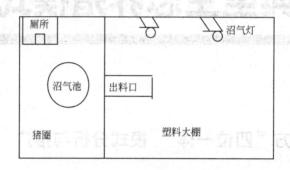

图 4-1 "四位一体"基本模式

其主要功能特点是：一是解决了农村生活用能（照明、炊事等）；二是猪、鸡增重快，料肉比下降，蛋鸡产蛋增加；三是生产蔬菜不仅产量高而且无污染。该种模式现在在我国北方广为推广。

其循环效能是：一是猪生长快；二是猪粪为沼气产生提供原料，沼气为猪提供热量；三是保证沼气池越冬；四是沼气水、渣为蔬菜提供优质肥料；五是沼气可为民用；六是解决了蔬菜生长中 CO_2 不足的问题。

其模式是"开发了菜园子，满足了菜篮子，丰富了菜盘子"。高度利用能源、高度利用土地资源、高度利用时间资源、高度利用饲料资源、高度利用劳动力资源，经济效益高、社会效益高、生态环境效益高。

二、 模式基本设计和技术参数

1. 场地选择

场地应建在宽敞、背风向阳、没有树木或高大建筑物遮光的地方，一般选择在农户房前。总体宽度 5.5～7m，长度 20～40m，最长不宜超过 60m，一般面积为 80～200m²。工程的方位坐北朝南，东西延长，如果受限制可偏西，但不能超过 15°。对面积较小的农户，可将猪舍建在日光温室北面，在工程的一端建 15～20m² 猪舍和厕所（1m²），地下建 8～10m³ 沼气池，沼气池距农舍灶房一般不超过 15m，做到沼气池、厕所、猪舍和日光温室相连接。

2. 沼气池建设

为了提高沼气池冬季的温度，修建的沼气池必须居工程中间，防止冬季外围冰冻层侵袭，避免降低池温。

（1）沼气池池型结构 沼气池是由发酵间、水压间、贮气间、进料口、出料口、活动盖、导气管等部分组成。进料口和进料管分别设在猪禽舍的地面和地下，进料口、出料口及池盖中心点位置均在工程宽度的中心线上。为了便于日光温室蔬菜施肥和出料口释放二氧化碳，把出料间（即水压间）建在日光温室内（图4-2、图4-3）。

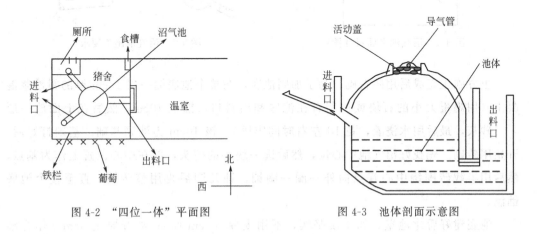

图 4-2 "四位一体"平面图　　　　　　图 4-3 池体剖面示意图

（2）沼气池的发酵工艺 沼气池投料为半连续投料发酵方法，这种发酵方法兼顾了生产沼气和用肥的需要，具有很好的综合效益。

（3）沼气池的施工顺序

① 定位定点

a. 根据当地的地质水文情况，选择一个土质坚实的地方，以砂壤土为宜。如是黏土或是砂土，则在施工时要采取一些加固措施。

b. 地下水位低的场所为好，如地势低洼，地下水位高，可采取挖渗水井的办法，以保证建池质量。即在池坑挖好后，砌筑之前，将渗水井挖好。渗水井有两种，在地势较高水位较低的地方，水量小，可直接在沼气池坑底部挖渗水井；在地下水位高、水量大的地方建池，在池外挖渗水井。

c. 选择背风向阳的地方，有利于猪舍的冬季保温，也保证沼气池的产气质量。

d. 选择距旧井、旧窖和树根远一点的地方，防止发生塌方。

e. 离使用场所近些。

具体来说，对一座北朝南的房子，在房屋前划一平行线，一般距房屋4～5m，然后划出沼气池的尺寸（图4-4）。

② 破土施工 定好点后，就可以施工了。具体要求（以8～10m³沼气池为例）：池1.8m深；要有排水措施；进料口挖成45°斜槽，不用1.8m深；池底做成锅底形，并向出料口有小角度倾斜（图4-5）。

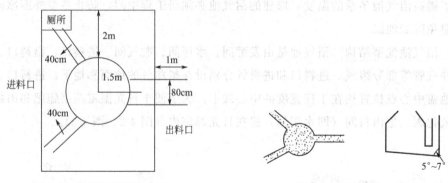

图 4-4　沼气池平面尺寸图　　　　　　　图 4-5　沼气池施工要求

土方施工完成后用砖石砌。为了加固池底，在整个池底铺一层 10cm 厚的粗沙浆混凝土（用鸡蛋大小的石块或鹅卵石在池底和出料口，铺上 10cm，然后在上面放一层4：1砂灰，最后用水浇灌，花 1d 左右时间牢固）。该 10cm 为池底基础。基础打好后，开始用砖砌。先找好沼气池中心位，然后选一块小的砖头，放在中心位置上作为基点，然后用半截砖围绕中心基点向外一圈一圈铺，铺几圈后再用整砖铺，直至整个池底铺满。

池底建好后建池壁。如土质坚实，不用太厚（6cm 厚）；离开原土 3cm（作为沙漏）；每层砌完后，用 4：1 砂灰填平沙漏（坚固作用）；要砌成圆形。

墙砌好后，连同池底再抹一层砂灰起固定作用。同时，砌出料口，包括两侧墙和上拱盖，两侧墙要和池壁墙一起砌起。一般墙厚 12cm（砖横放）。出料口墙和池壁墙间的灰口一定要严实，最好是咬合在一起。出料口墙外侧也要留沙漏。出料口内径一般50cm 宽即可。两侧墙砌到 6 层砖（40cm 左右）时开始砌上拱盖。

先用土把出料口填平，做成拱形，高度 24cm 左右。压实后继续用砖砌，灰口灌满砂灰。完工后，把土掘出。这样整个出料口总高度约 65cm 左右，长度根据猪舍与温室墙厚度及出料口位置而定（图 4-6）。

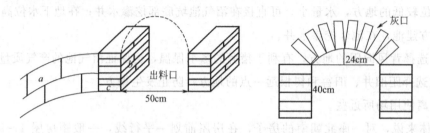

图 4-6　出料口基本形状（a、b、c 分别代表砖的长宽高）

当池壁砌二层砖后，开始砌进料口，约离地面 25cm。将已准备好的两个陶瓷管（30cm×60cm），安在斜槽内，角度 45°~50°，一端延伸到池体内 5~10cm，接口处用水泥抹实。

　　池壁墙砌 6～8 层后（1m 左右），开始砌池体上盖。先将砖平放砌一圈，以此每一层都向池内压 5cm 左右（每圈缩 5cm），每砌完一层，靠近砖头处用砂灰填实，然后马上用土填满踏实。每一层要形成标准的圆形。上盖砌到直径 40～50cm 时不砌，留活动盖口。用砖头砌成一圈楞，并做成上口大下口小的形状（坡形），形状要圆（可用水泥抹），最好用几根钢筋（或 8 号线）围几圈后再用小砖头或石头块等灌制而成。同时出料口建成与上盖同高。

　　③ 池体抹灰　池体砌完后要立即抹灰。第一遍砂灰（2：1），从上盖往下抹。一般上盖处 1.5cm 厚，壁墙 2cm 厚，池底 1.5cm 厚。1～2h 后，打成麻面。隔 1d 抹第二遍砂灰（2：1）；再隔 1d 抹素灰（水泥不加沙子和成泥状），厚 0.5cm 左右，然后压光；再隔 1d 涮灰浆（水泥用水调成稀糊状），隔 1d 涮一次，涮 3～4 次，甚至更多。整个抹灰过程中都要注意养生，特别拐角处要细心。

　　④ 制作活动盖　活动盖的大小根据沼气池上盖上口留的大小而定，形状要正好符合于上口。具体做法是：取一根直径 1.5cm、长 1.5m 以上的无缝钢管，作导气管，可用铁丝缠几圈，加强牢固性。然后在地上挖模型，用混凝土灌制。一般活动盖底面成凹形，边厚 20cm，中间厚 15cm。可安装 1 个或 2 个把柄（图 4-7）。整个活动盖边缘用砂灰或素灰抹圆滑。盖塑料薄膜（农膜）养生。

　　⑤ 沼气池的检查　沼气池建好后，能不能用，漏不漏气，在使用前要做一下检查。

　　检查方法有：直接检查法、装水刻记法、水压检查法。这里介绍水压检查的方法。

　　取一根无色透明胶管（2.5m 左右），做成 U 字形，固定在木板上（一般长 1.3m，宽 20cm）。在管内灌一定量的有色水，水量大约是木板体积的一半，以两个水平面为基点作为 0 压线。从 0 压开始向上以 1cm 为一个刻度直划出 60cm，每一刻度 1 个水压。表的一端可接气源，另一端水平面指示刻度即为池中气压（图 4-8）。

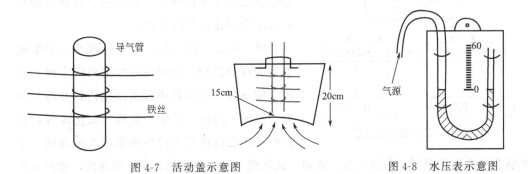

图 4-7　活动盖示意图　　　　　　图 4-8　水压表示意图

　　把沼气池活动盖盖上，用黄泥封好。接水压表，这时池内池外气压平衡，水压表指示为 0。

　　从出料口向池内加水，加到一定高度，池内压力上升，水压表液面变化（右侧上升，左侧下降），右侧水面升高的刻度即为池内气压。加水，达到 50～60 个水压时，停止加水，待水压平衡后，记下刻度，过一段时间再观察压力变化情况，看是否漏水。如果压力有变化，则说明漏水。

（4）料的准备与投料　在建池的同时，要备好加入池内的发酵原料，方法是好氧堆沤。即把草类、作物秸秆等粉碎、铡短，铡成 3cm 的小段，堆放在地面上踏实，浇粪尿水，再加一层石灰水，然后盖上塑料布，使温度达 50～60℃左右，发酵使秸秆软化，颜色呈棕或褐色。

秸秆软化后，含水量达 60%，再与马、羊、禽粪等混拌，继续堆沤至温度达 60～70℃（烫手）。

投料比例（参考）：马粪（湿）1000kg，猪粪 1000kg，人厕所粪便 1000kg，鸡粪 250kg，青草 150kg，秸秆 100kg。

经过这样的预处理，可以缩短发酵时间，下池后的发酵原料不易上漂，有利于厌氧发酵。因此产气较快、产气较好。

投料时要把试压时的水全部抽出。加完原料后，再向里面加污水（沼气菌）。加水至沼气池容积的 2/3～3/4 处，留 1/4～1/3 空间作贮气间。要把漂浮在水面上的料搅进水下。完毕把活动盖盖严。

（5）沼气的产生和使用原理　沼气是一种混合气体，无色略带臭味，主要成分是碳氢化合物。其中，CH_4 约占 60%～70%，CO_2 约占 25%～40%，还含有少量氧、CO、H_2S。1 份甲烷和 2 份氧气混合燃烧最高温度可达 1400℃。

① 沼气的产生过程　沼气的产生过程分三个阶段（图 4-9）。

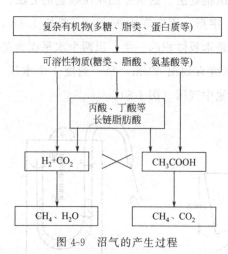

图 4-9　沼气的产生过程

第一阶段水解过程：在沼气发酵中首先是发酵性细菌群利用它所分泌的胞外酶、淀粉酶、蛋白酶和脂肪酶等，对有机物进行体外酶解，也就是把畜禽粪便、作物秸秆等大分子有机物分解成能溶于水的单糖、氨基酸、甘油和脂肪酸等小分子化合物的过程。

第二阶段产酸过程：这个阶段是三个细菌群体的联合作用，先由发酵性细菌将水解阶段产生的小分子化合物吸收进细胞内，并将其分解为乙酸、丙酸、丁酸、氢和二氧化碳等，再由产氢产乙酸菌把发酵性细菌产生的丙酸、丁酸转化为产甲烷菌可利用的乙酸、氢和二氧化碳。另外还有耗氢产乙酸菌群，这种细菌群体利用氢和二氧化碳生成乙酸，还能代谢糖类产生乙酸，它们能转变多种有机物为乙酸。

水解阶段和产酸阶段是一个连续过程，通常称之为不产甲烷阶段，它是复杂的有机物转化成沼气的先决条件。在这个过程中，不产甲烷的细菌种类繁多、数量巨大，它们主要的作用是为产甲烷菌提供营养和为产甲烷菌创造适宜的厌氧条件，消除部分毒物。

第三阶段产气过程：在此阶段中，产甲烷细菌群，可以分为食氢产甲烷菌和食乙酸菌两大类群，已研究过的就有 70 多种产甲烷菌。它们利用以上不产甲烷的三种菌群所分解转化的甲酸、乙酸等简单有机物分解成甲烷和二氧化碳等，其中二氧化碳在氢气的作用下还原成甲烷。这一阶段叫产甲烷阶段，或叫产气阶段。

沼气的产生需创造以下几个条件：a. 沼气池应密闭，保持无氧环境；b. 配料要适当，纤维含量多的原料（秸秆、青草等）其消化速度和产气速度慢，但产气持续期长，纤维少的原料（人、畜粪），其消化速度和产气速度快，但产气持续期短；c. 原料的氮碳比也应适当，一般以 1∶25 为宜；d. 原料的浓度要适当，原料太稀会降低产气量，太浓则使有机酸大量积累，使发酵受阻，原料与加水量的比例以 1∶1 为宜；e. 保持适宜温度，甲烷细菌的适宜温度为 20～30℃，当沼气池内温度下降到 8℃时，产气量迅速下降；f. 保持池内 pH 值 7～8.5，发酵液过酸时，可加石灰或草木灰中和；g. 为促进细菌的生长、发育和防止池内表面结壳，应经常进行进料、出料和搅拌池底；h. 新建的沼气池，装料前应加入适宜的接种物以丰富发酵菌种。老沼气池的沼液是最理想的接种物，如果周围没有老沼气池，粪坑底脚的黑色沉渣、塘泥、城镇泥沟污水等也都是良好的接种物。

② 沼气的使用原理　发酵间内产生的沼气聚集贮存在贮气间内，随着气体增多，贮气间压力增大，压迫液面下降，使右边出料口液面上升，以保证发酵间压力正常。当贮气间内沼气被利用后，贮气间压力下降，液面上升，右边出料口液面下降，保证贮气间内一定的压力。通过这种调节，可以使沼气池不至于压力过大发生爆炸，也不至于因压力过小点不着火。

③ 沼气的使用　使用沼气之前要先放净不纯的甲烷气。一般每天放一次气，连放10～15d。这样在投料 20d 左右时就可以使用了。可用四通分别连接气源、水压表、炉具、沼气灯（图 4-10）。水压表固定在墙上，为方便，设几个开关。使用前检查一下各接头及开关处有无漏气现象。

（6）沼气肥的使用　主要指沼气渣、沼气水。沼气渣要通过沼气盖口取出，可养鱼、种蘑菇等。沼气水可用来喂猪（营养丰富，无臭味，有芳香味）。渣、水用作农家肥，肥效大，作用强，营养可直接被植物所利用。用时要先稀释，否则烧死植物。

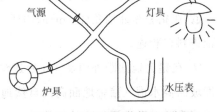

图 4-10　沼气的安装使用示意图

（7）使用沼气注意事项

① 注意人畜安全，沼气池的进、出料口要加盖，以防人、畜掉进去造成伤亡。

② 严禁在沼气池出料口或导气管口点火，以避免引起火灾或造成回火致使池内气体爆炸，破坏沼气池。用气时最好不出料，以防压力小引起火苗倒吸。

③ 经常检查输气管道、开关、接头是否漏气，如果漏气要立即更换或修理，以发生火灾。不用气时要关好开关。在厨房如嗅到臭鸡蛋味，要开门开窗并切断气源，人也要离去，待室内无味时，再检修漏气部位。

④ 在输气管道最低的位置要安装凝水瓶（积水瓶）防止冷凝水聚集冻冰，堵塞输气管道。

⑤ 安全入池出料和维修人员进入沼气池前，先把活动盖和进出料口盖揭开，清除池内料液，敞 $1\sim2d$，并向池内鼓风排出残存的沼气。再用鸡、兔等小动物试验。如没有异常现象发生，在池外监护人员监护下方能入池。入池人员，必须系好安全带。如入池后有头晕、发闷的感觉，应立即撤出池外。禁止单人操作。入池操作，可用防爆灯或电筒照明，不要用油灯、火柴或打火机等照明。

⑥ 做好防水工作，防止雨水等进入池内。加强日常管理，注意防寒保温。

⑦ 可增设搅拌装置以提高产气量，特别是在低温季节。搅拌可使池内温度均匀，增加微生物与有机物的接触，并防止浮壳的形成，利于气体的释放。搅拌可提高产气率 15%左右。

3. 猪舍建筑

猪舍的建筑原则，是冬季增温保温，夏季降温。其技术要点有以下几方面。

① 猪舍应建成后坡短、前坡长、起脊式圈舍，东西长度以养猪规模而定，但不少于 4m。

② 由猪舍后坡顶向南棚脚方向延伸 1m；用木椽搭棚，起避雨遮光的作用。

③ 前坡舍顶与南棚脚之间用竹片搭成拱形支架，在冬季支架上面覆盖薄膜，南面建围墙，北面留人行道。

④ 在猪舍后墙中央距地面 1.3m 处留有 40cm 的通风窗，以便夏季通风。

⑤ 在日光温室与猪舍间砌筑内山墙，墙中部留出高低二个通气孔，作为氧气和二氧化碳气体的交换孔。通气口大小和数量根据养猪数量而定。

⑥ 在猪舍靠北墙角建 1m² 的厕所，厕所蹲位高出猪舍地面 20cm，厕所蹲坑口与沼气池进料口相连。

⑦ 在猪舍地面距外山墙 1m 处建蝶形溢水槽兼集粪槽，猪舍地面用水泥抹成 5% 的坡度坡向溢水槽（猪舍地面高出自然地面 20cm），溢水槽南端留有溢水通道直通外面，防止夏季雨水灌满沼气池的气箱。

4. 日光温室

(1) 温室骨架设计参数　日光温室与普通温室相同，温室骨架设计采用固定荷载 10kg/m²。

(2) 墙体厚度　后墙及外山墙厚度 50～60cm，也可采用 24cm 和 12cm 之间留空心建成复合墙体，墙体厚度大于 80cm。

三、 配套技术

1. 沼气池启动及运转技术

（1）准备足量的发酵原料和接种物　发酵原料是产生沼气的物质基础，发酵原料一定要含有能被沼气微生物分解利用的有机物，最常用的是人畜粪便和秸秆。刚消过毒的畜禽粪便、酸性或碱性太重的物质及有毒植物等不能进入沼气池。接种物是指含有沼气微生物的污泥等，如老沼气池内的沼渣、牛粪、沼泽污泥等。

（2）发酵原料的预处理　对消过毒的畜禽粪便应堆沤一段时间后再入池，如果以秸秆作发酵原料时，应切短和作堆沤等预处理，但由于秸秆含碳多、含氮少，所以常与含氮多的畜粪便配合使用。

（3）注水、投料　新沼气池试压成功后，使池内的注水达到池容的 50％左右，然后按 4％～8％的干物质浓度加入预先堆沤好的发酵原料。方法是：将预处理过的原料先倒一半入池，搅拌均匀后再倒一半接种物与原料混合均匀，照此方法，将原料和菌种在池内充分搅拌均匀。其中接种量以为发酵原料投入量的 20％为宜。

（4）加水封池　发酵原料和接种物入池后，及时加水封池，最终料液量与水压箱底平即可（达到池容的 85％～90％），然后加活动盖进行密封，加入沼气池的水可以用生活污水、坑塘水和井水等，但应注意不要用工业污水。

（5）放气试火　新池的发酵，由于二氧化碳等杂气含量高而甲烷含量低，故不能点燃，需放气 2 次左右，直到能正常点燃时，表明沼气池进入正常启动。沼气纯度可根据灶具燃烧时风门开启大小来判断，如风门开得很大，火焰燃烧仍稳定，说明沼气纯度高。

（6）定时补料　在运行过程中原料不断消耗，待沼气池产气高峰过后，便要不断补充新鲜原料，也可每天自动进料。在补料的同时，要注意出料，最好是先出后进，出多少进多少，不要进少出多，更不可出料时使液面高度低于进料口的上沿。

（7）适时搅拌　搅拌沼气池的目的是使发酵料液分布均匀，增加微生物与原料的接触，加快发酵速度，并可破坏浮渣结壳层。一般每隔 7～10d 搅拌一次，搅拌时用一根前端略带弯曲的竹竿从进、出料口处向池底振荡数十次。

（8）换料　沼气池正常运行一年后可以大换料（大出料）。大换料要在池温 15℃以上的季节进行，大换料前要准备足够的原料，并留下至少 10％的池底污泥（沼肥）作为接种物，大换料前 10～20d 停止进料。

（9）日常保养　首先，沼气发酵受温度影响较大，其适宜温度应为 15～25℃，温度过高或过低都会影响发酵，因此，特别是冬季应做好沼气池的保温工作。其次，料液的酸碱度（pH 值）也会影响产气，沼气发酵适宜在 pH 值为 6.5～7.5。如果偏酸可用草木灰或清淡石灰水调节。最后，要注意不要让含有抗生素、杀虫剂等能杀死或抑制发酵微生物的物质进入沼气池，以免沼气池中毒。

2. 猪舍温度、湿度调控技术

① 猪舍使用期间，舍内安装温度计、湿度计；猪舍内不同生长期的猪所需温度、湿度参见表 4-1。

表 4-1　大棚中猪饲养适宜温度、湿度

猪	适宜温度范围/℃	环境温度界限/℃		相对湿度/%
		低温	高温	
育成猪	15～27	0	27～30	70
成年猪	0～20	0～10	27	75

② 当旬平均气温低于 5℃时，塑料薄膜应全天封闭；旬平均气温为 5～15℃时，中午前后加强通风；旬平均气温达到 15℃以上时，应揭开塑料薄膜通风。

③ 气温回升时，应逐渐扩大揭开棚面积，不可一次完全揭掉塑料薄膜，以防生猪发生感冒。

④ 猪舍的通风换气主要是靠每天喂饲料和厕所开门来进行，当舍内湿度偏高时，可通过排气口通风换气。通风一般在中午前、后进行，通风时间以 10～20min 为宜，阴天和有风天通风时间宜短，晴天稍长。

⑤ 猪舍有害气体成分应控制在允许范围内，二氧化碳含量应低于 0.15%，氨气含量控制在 26×10^{-6} 以内。

⑥ 注意保温，猪舍四周和上盖要封严且不透风，冬季夜间塑料薄膜上要加盖纸被和草帘。

3. 猪舍管理和饲养技术

提高饲养密度，每个猪舍不少于 6～10 头，及时清除猪舍粪便和残食剩水，保持清洁卫生，猪舍经常保持温暖、干净、干燥；饲养猪应采用优良品种，猪舍勤消毒，加强疾病防治，采用配合饲料和科学饲养管理综合配套技术措施。

4. 温室覆盖与保温防寒技术

① 冬季温室后墙应培土保温，培土厚度应大于当地冻土层。采光面塑料薄膜上夜间要覆盖纸被，纸被由牛皮纸做成（3～8 层），纸被上盖 1～2 层草帘子，长度应比采光屋面长 0.5m，宽 1.5m，也可用棉被保温。

② 每天适时揭苫和盖帘，采光面覆盖物揭盖时间，随季节和天气变化，在保证棚温条件下，尽可能让作物多见光。注意塑料薄膜要保持清洁，损坏处要及时修补。

③ 温室可用多层覆盖保温，利用地膜、小拱棚或保温幕。寒冷地区温室内应加设简易加温设备，以防气温突变危害作物；同时应改善土壤接受热量能力，土质应疏松，耕层要深厚，多施有机肥，使土壤黯黑，土壤含水要适中，实行高畦或垄作。

5. 温室温度、湿度调控技术

① 放风。可在温室顶部靠近后坡的塑料薄膜上设放风口，放风口为圆形，直径

30cm，用塑料薄膜粘成与放风口直径相同的圆筒，长 40～50cm，一端粘在放风口上，降温排湿时把袋子支起来，保温时放下支架，把另一端扎起来；在春、夏季大放风时，可在温室前部距地面 40cm 处将塑料薄膜扒缝放风。

② 温室降湿可采用放风、滴灌、地膜覆盖以及地膜下软管灌溉技术。

③ 温室温度应达到 12～30℃，夜间最低温度不低于 5℃，湿度 60%～70%。

④ 大棚中主要蔬菜作物、生长临界温度及适宜温度、湿度的控制可参见表 4-2。

表 4-2　主要蔬菜作物、生长临界温度及适宜温度、湿度

蔬菜种类	最低温度/℃	适宜温度/℃	最高温度/℃	湿度/%
韭菜	0	12～24	24	60～70
芹菜	−4	15～20	25	60～70
黄瓜	7	25～30	40	70～90
番茄	10	20～29	35	55～75
青椒	15	20～27	35	55～70
茄子	15	22～30	35	55～70

6. 日光温室综合管理措施

① 温室栽培作物应根据温室设备条件，选择栽培作物种类，平均极端气温不低于 −25℃ 以及热资源较丰富的地区，秋冬及冬春茬可生产果菜和叶菜类作物，平均极端气温在 −35～−30℃ 寒冷地区，应加强防寒措施；冬季可生产叶菜类，早春生产果菜类作物。

② 温室蔬菜生产宜选用高产、抗逆性强、适宜保护地栽培的蔬菜品种。

③ 温室育苗应适期播种，适期定植。

④ 加强肥水管理，及时防治病虫害，在作物生育期可随水追施沼液。

⑤ 其他有关栽培技术按作物要求进行。

单元二　"四级净化，五步利用" 模式分析与推广

当前，畜禽饲养的环境污染问题愈来愈受到人们的关注，人们开始注重清洁生产的发展。所谓清洁生产，包括清洁的生产过程和清洁的产品两方面的内容。辽宁振兴生态集团发展有限公司（原大洼县西安生态养殖实验场）是在这方面做得比较好的一个典型。

一、区位分析

辽宁振兴生态集团发展有限公司位于辽河下游，距大洼县城东南 20km 处，为滨海盐碱湿地生态区。年日照时数 2740.2h，年平均气温 8.4℃，无霜期 178d，年降水量

634mm，土壤肥力较高，土质为轻质盐渍化水稻土。水源充分，土地面积丰裕，自然条件适于以水生植物为净化主体的清洁生产型生态工程。

但在建场初期，猪场生产管理技术落后，每年向周围排放大量的冲洗猪舍废水，严重地污染了环境，同时精、粗、青等饲料结构不尽合理，生产效率低下。土地资源利用率不高，物质、能量在生产过程中没有进行多层次、多能级有效利用。后来在充分认识盐碱湿地特点以及自身存在的潜在优势基础上，积极探索与实践，走"四级净化，五步利用"生态养殖模式，发挥水资源优势，提高了生产力。

二、技术构成及技术参数

通过生产现状、资源优势及其可利用条件等可行性研究表明，要提高生猪生产的总体水平，改善生态环境，避免粪便对环境污染，提高水和饲料的利用率，关键在于建立一个包括充分利用生猪代谢物中的排泄物，降低生猪生长能耗及提高生猪饲养循环利用率，并实现无废弃物的生产。为此，确定由二个子系统构成的生猪养殖生态工程及相应的各生态经济系统。

1. 以水循环利用为主体的平面闭路生态种养系统

本系统的建立，旨在利用猪的排泄物及其相应的代谢能，即通过确立"四级净化，五步利用"的物质循环多级利用及能量传递，使之有更多产品产出（图 4-11）。

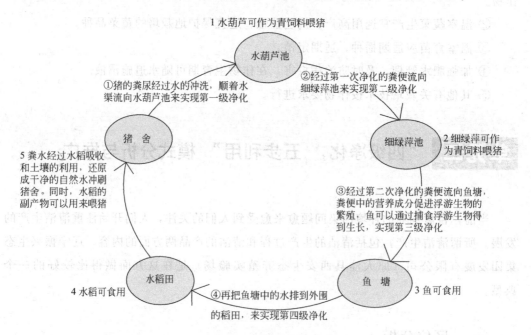

图 4-11 "四级净化，五步利用"模式示意图

（1）一级净化，一步利用 猪舍用井水洗刷后，粪尿水从地沟排出，其中部分固体粪便捞出作为鱼的饵料，粪尿水则进入水葫芦池（图 4-12）。水葫芦具有较强的净化污

水功能，在其净化污水的同时，排泄池中部分代谢能被水葫芦所吸纳，供自身生长，而水葫芦经过喂饲生猪，则其能量又被生猪生长所吸纳。猪粪水在水葫芦池里大约停留7d，其末端有泵将一级粪水净化后泵入细绿萍池进行二级净化。

图 4-12　水葫芦池

（2）二级净化，二步利用　从水葫芦池排出的第一次净化污水再流入细绿萍池中进二次净化，经过二级净化，有的悬浮物沉淀，有的则被分解转化。水葫芦十分喜肥，吸收利用其中大部分的氮及部分磷以后，进入细绿萍池中，细绿萍自身能固氮，主要利用剩余的磷素，两种水生植物都能大量生长。同时生猪与细绿萍之间能量传递则与水葫芦与生猪之间关系相同。但应当指出，不论水葫芦或细绿萍，两者与生猪之间的能量转换均为闭路传递。根据熵定理，水葫芦或细绿萍与生猪之间的能量转换，都将按一定速率趋于衰竭，但由于在能量转换循环中因太阳能参与，不仅使其衰竭速率延缓，而且其转换效率值可达 0.5625，这说明转换效率颇高。

（3）三级净化，三步利用　经过二级净化的废水放入鱼、蚌池中，这时水中的氮磷成分已经基本耗竭，悬浮物（SS）及化学耗氧量（COD）也都达到灌溉水质标准，主要含有大量与细绿萍共生的浮游动物，成为鱼、蚌的天然饲料，据 2.67hm² 鱼塘测定，仅用三级净化废水，每亩面积产鱼量达 200kg。

（4）四级净化，四步利用　将鱼、蚌塘中经过沉淀、曝气肥水引进稻田，由于富含水稻所需的氮、磷、钾等元素，故肥田肥苗，促进水稻生长发育，据测定，可比对照增产 11.68%。

（5）五步利用　即灌入稻田的肥水，经过沉降、曝气，水体清澈，当水稻排水时，使之流回猪舍，再作冲洗粪尿的水。

2. 充分利用太阳能的立体种养系统

大洼县冬季有 100d 以上 −20～−10℃ 低温天气，夏季有 50d 以上高温天气，这两个时段由于严寒与酷暑的影响，致使生猪生长维持能消耗激增，因而是养猪业的两个淡季。为此，实行立体控温措施，即在猪舍前面采取规格化棚架，冬季覆以塑料布形成塑料保温大棚，据测定白天可提高猪舍温度 7～10℃（达到 15℃ 生长适宜温度）。猪舍房盖为加防水层的预制件，在舍顶修成细绿萍放养池，夏季既可以降温又随时可以捞取绿萍喂饲，春季栽植丝瓜、葡萄，入夏枝叶爬满棚架，既起到遮阴作用，又美化了环境。采取立体控温结果，效果明显。与对照比较，其效果为料肉比下降，育肥猪育肥周期缩短，增重速度快。

"四级净化，五步利用"模式循环效能如图4-13所示。

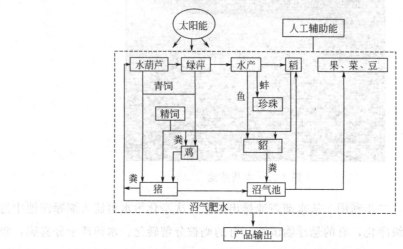

图4-13 "四级净化，五步利用"模式循环效能示意图

三、相应的配套技术

1. 猪的繁育技术

为了提高能量转换效率和经济效益，引进斯格、长白、大白、杜洛克等优质种猪，利用杂交优势改善猪群结构。选育适合中国人口味的优良种猪，进行大规模扩群饲养。

给予每头种猪5m² 的独立空间，夏季每天都要给猪洗澡，而且每天要有1~2h与同伴嬉戏、运动时间，充分满足猪的福利需要，使猪全程快乐生长。

该公司经有机认证后饲养的有机猪在饲养周期上长达276d以上，比非有机猪增加了3个多月的成熟期，体内营养富积更充足，肉的质量、色泽和肌肉间的脂肪沉积得更好。

2. 水葫芦种养技术

水葫芦别名凤眼莲、野荷花、水荷花，为多年生宿根草本植物，原产南美洲。其生长速度快，每亩水面年产可达3万千克；既是青饲料，又可做绿肥，还能净化污水，美化环境，以及用于造纸、制作纤维板、生产沼气等，是低投入、高产出、多用途的植物。在我国南方，有时会造成生态入侵式的灾害，但在北方用低温可以控制其过度生长。

（1）生长特性　水葫芦性喜温暖多湿，最适温度25~32℃；较耐高温，气温上升达 39℃时，仍能正常生长；有一定抗寒力，能在 5℃气温下自然越冬；喜光、耐肥又耐瘠，适应性强，不论深水、浅水，都能放养，在潮湿洼地及稻田也能生长；在水深 0.3～1.0m、水质肥沃、静水或活水缓流的水面生长较好。

（2）繁殖方法

① 有性繁殖　水葫芦在自然条件下结实率低，但部分成熟的种子可进行有性繁殖。一般是秋季采种、春季育苗。即在 9～10 月从健壮母株花序上查找淡黄色尚未开裂的小果，采后摊晾风干，剥去果皮，取出种子。若在盛花期的上午 9～10 时将露出的花粉在柱头上擦触几下，可提高结实率。有温室或塑料棚的地方，在早春将选好的饱满且呈黄褐色的种子，放在 25～30℃水中泡透，然后播在泥面上，保持湿润，当幼苗长出 5～6 片小叶，叶柄开始膨大有一定浮力时，移入水中苗床培育。待长出 2～3 个分株，当气温达 20℃时，可移出苗床，放入肥沃水面，扩大繁殖。

② 无性繁殖　水葫芦能横向抽出匍匐枝，其先端可形成新的分株，分株再生分株，具有很强的自然繁苗能力。每一单株每月可繁殖 40～50 株。10 棵水葫芦在 8 个月内，就可繁殖到 60 万株，铺满 0.4hm² 水域表面。无性繁殖的关键，是采取适当措施保护种苗安全越冬。华南地区冬季可将种苗集中在池塘的一角，使其自然越冬。长江流域及其以北地区，应在寒露前后气温下降到 10℃时，选出生长健壮、葫芦大、根多、株形紧凑、无病虫害的植株留种。

（3）放养技术

① 放养时期　当气温上升到 13℃以上，无霜冻，在越冬种株发出新叶时开始放养。

② 放养方法　在池塘、沟渠等较小水面放养，种苗可直接散放。在鱼塘放养，要留出 1/3 空白水面，用绳或竹筐围栏，以利鱼类生长，但繁殖水葫芦种苗的池塘，则不宜放养草鱼。在湖泊、水库等较大水面要圈养，将种苗放入用竹竿做成的方形或三角形筐格内，以利群聚生长，逐步扩大。在行船的河港或河道放养，则需打桩拉绳，将水葫芦拦住以防被水流冲走，并让其在堤边水面生殖，以防漂浮扩散，阻塞河道，影响防汛。

③ 水面管理　放养前期和生长后期，宜放浅水层，水深 30～40cm，以利提高水温。旺盛生长期加深水层到 80～100cm。放养初期生长缓慢，要及时捞除水中的青苔和杂草。水葫芦生长量大，耐肥，肥多产量高，品质优，在清瘦水面放养，应施足肥料。

④ 适量采收　放养后 1～2 个月，当植株生长、繁殖十分茂盛时，可开始采收。每次采收量可达全部植株数的 1/4，最多不宜超过 1/3。采后应将留存水面的植株均匀拔开，以便继续繁殖。在夏季每隔 5～7d 即可采收 1 次，入秋后半月采收 1 次，直至植株进入相对休眠期，即应停止采收，以利留种越冬。

3. 细绿萍的养殖技术

细绿萍也叫满江红、红萍、绿萍，原产于美洲。细绿萍属于满江红科蕨类植物，萍体漂浮水面，是优良水生饲料植物和著名绿肥植物。细绿萍产量特高，品质优良，饲用方便。细绿萍因环境条件不同，其生态上可有平面浮生型、斜立浮生型、直立浮生型和湿生重叠型之分，不同类型其繁殖速度、固氮能力和抗逆性能有所不同。

（1）越冬保种　我国南北各地，都要有越冬保种措施。南方冬季温暖地区，萍种可利用自然坑池，稍加保护就能安全越冬，而北方冬季寒冷地区，则要利用温室保种。各种蔬菜温室、水稻育苗温床等，都可用来保种。保种温室的温度要保持在15℃以上，水温不低于10℃，维持有微弱的生长即可。寒冷地区，温室要增设加温设备，使室温保持在20℃左右。若室内温度超过30℃时，要开窗降温。室内要经常洒水，保持湿润，无烟无尘。一般每隔20d左右，萍池就要换一次水。要缓缓流出，缓缓注入，不要搞乱萍层。在东北中部和北部，一般在10月中旬入室，次年4月上旬和中旬出室，保种期150d左右。

（2）春季扩繁　在3月下旬或4月上旬，选避风向阳池面扩大繁殖，放入种萍后用塑料薄膜蒙上，晚上用草帘覆盖保温。到4月中旬、下旬或5月上旬，随着温度的升高便迅速繁殖。到5月中旬、下旬，当种萍长满全池时，即可移到大的水面放养。

（3）水面放养

① 选池或造池　细绿萍可用现有的池沼、鱼塘、沟渠、水库、蓄水池等水面放养。只要水源充足，水层较浅而稳定，水质肥沃，积水期在90d以上的水面都能放养。没有自然水面的农户，可在靠近水源的地方造池。养2～3头猪或几十只鸡的农户，有十几平方米的水面即够用。

② 清池和修造　利用自然水面养萍，放养前要清池，清除各种杂物并使池底平整，保持水层深浅一致。被污染的水面，要排出原水，清除淤泥，换入新水。水质瘠薄的要施足基肥。每亩施半腐熟的厩肥2～3t。

③ 放萍　在东北中部和北部，5月上旬、中旬即可放萍；在华北和华中，到4月中旬、下旬就要放萍。放萍越早，种萍对大地环境的适应越快，养萍期也长，产量也高。种萍少的，可用竹竿、草把等立桩做格，将种萍围圈在格内，利用其聚生性特点，在格内加速繁殖。长满一格再扩展至另一格，直到长满全池为止。用鱼塘养萍的农户，要在7～8月份细绿萍旺盛生长期放萍，以防放萍过早，细绿萍生长繁殖慢，被鱼吃光萍种。但要控制在不超过三分之二的水面内增殖，以防密被水面，影响鱼的生长发育。

④ 管理　细绿萍是喜肥植物，要适时追肥。施用腐熟的猪、鸡粪肥，每次每亩1t左右。细绿萍生长期间，要每隔10d左右，用长枝或竹扫帚，拍打水面一次，使萍体断裂，加速生长和繁殖。

为了防止家畜喂细绿萍患寄生虫病，养萍水要求清洁，且萍池要远离厕所或猪圈，也不要施用没有腐熟好的粪肥。

单元三　南方以沼气为中心的生态养殖模式分析与推广

在我国南方各地，以沼气建设为中心，以各种农业产业为载体，以利用沼肥为技术手段，产生了多种农业生产模式，如"猪-沼-果"、"猪-沼-稻（麦、菜、鱼）"等。这些模式使传统农业的单一经营模式转变成链式经营模式，延长了产业链，减少了投入，提高了能量转化率和物质循环率。

在这些模式中，利用山地、农田、水面、庭院等资源，采用"沼气池、猪舍、厕所"三结合工程，围绕主导产业，因地制宜开展"三沼"（沼气、沼渣、沼液）综合利用，达到对农业资源的高效利用和生态环境建设、提高农产品质量、增加农民收入等效果。沼气用于农户日常做饭点灯，沼肥（沼渣）用于果树或其他农作物，沼液用于拌饲料喂养生猪，果园套种蔬菜和饲料作物，满足育肥猪的饲料要求。除养猪外，还包括养牛、养鸡等养殖业；除果业外，还包括粮食、蔬菜、经济作物等。模式的作用主要表现在：一是实现了农村生活用能由烧柴到燃气的转变，因此保护和培植了绿色资源，为维护和恢复大自然的生态环境治理了源头；二是由于开展了沼肥综合利用技术，充分合理地利用了农业废弃物资源，在农业生产系统中，实现了能流与物流的平衡和良性循环，以及多层次利用和增值，几乎是一个闭合的生态链。

一、"猪-沼-果" 生态模式

1. 基本模式组成

"猪-沼-果"一体化生态农业模式包括林业工程建设、畜牧工程建设、沼气工程建设、水利配套工程建设及其综合管理。其模式如图 4-14 所示。

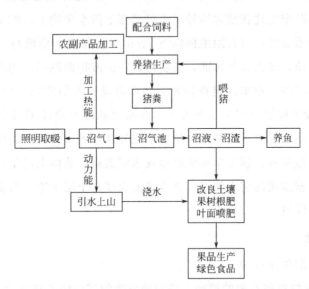

图 4-14 "猪-沼-果"一体化生态农业模式结构图

（1）太阳能猪场 猪场建在山体上部、果树上方、水囤下位的南面背风向阳平坦的坡面上，猪舍坐北朝南，东西向排列。在猪舍的一端建有与猪舍走廊相通的加工贮料室、饲养人员工作室和宿舍。猪舍为单列式一面坡半敞棚建筑。单列建设 10～12 间（一栋）猪舍，生猪存栏规模为 80～100 头，年出栏生猪 150～200 头。超过 6.67hm²

（100 亩）的山场，可在下阶的平面上并列建设相应规模的猪舍。猪舍地面设计要有利于排水。冬季夜间舍内温度在 8℃ 以上，日间舍内温度在 18℃ 以上；夏季要通风凉爽，郁闭度 0.7 以上。

每间猪舍跨度为 5.7m 左右，养猪圈舍面积不小于 300cm×360cm。北墙距地面 100cm 处开设一扇 70cm×50cm 通风窗（冬季封闭）；靠北墙留 100～120cm 宽走廊通道，通道的两端设有门口。

自走廊往南依次建 100cm 高、12cm 厚的猪舍隔墙，宽 50cm、深 25cm 食槽和鸭嘴式自动饮水器，100cm 高、37cm 或 24cm 厚的南圈墙。

猪舍地面比周围地面高 30cm，北高南低，有（2:100）～（3:100）的坡降，15～20cm 碎石水泥基础，上为 1:2.5 水泥防滑地面。顶棚北向滚水，由上至下依次为水泥瓦、草泥、苇帘、橡子、檩木结构。猪舍南墙与沿檩之间拉上 8 号铁丝网，冬季罩上塑料薄膜，膜的透光率不低于 0.72。采光面积与猪舍地面面积比不小于 0.7:1。

（2）沼气工程　依据猪场规模确定池体容积大小，存栏 100 头育肥猪的太阳能猪场配建的沼气池（主体发酵池、水压间）的容积最小不应低于 30m³。生猪日产鲜粪按 3kg/（日·头）计量。入池粪便按 1:3 比例加水，池内干物质与水的比例为 1:9；原料地池内发酵腐熟周期为 23～40d。沼气池主体发酵池为 1/3 气容、2/3 料体。

沼气池建在猪舍内猪床的下面。主体发酵池、水压间按东西排列。沼气池的主体发酵池与水压间要求用混凝土浇注，内径大于 350cm 时，池体拱盖部位加注钢筋。

（3）贮肥地　贮肥池建在猪舍墙外，也可建在下阶水平沟上。贮肥池与水压间有管道相通。水压间的沼液溢口高在距地面以下 20cm 处，排出的沼液自行流入贮肥池。贮肥池可用砖、石砌块，水泥砂灰抹面，在底部设一沼液排放闸门，用软管疏通。

（4）水利配套工程　蓄水池建在猪舍、林业等设施方的背风向阳处，容积为 20～30m³。蓄水池建设采取地上或半地下方式。在水泥基础上建圆形双层夹心墙体，内壁为钢筋水泥浇注，或水泥砂浆砌体，内层套水泥砂灰，外壁为砖灰防风保温砌体，中间充填锯末等防冻保温材料；顶盖用水泥拱顶或水泥盖板，墙体上沿留一溢水管孔，低部设置进出水管道。蓄水池的引水管道、排放管道应埋在土层下边。根据需要，对养殖场和果园配置供水和灌溉。

2. 模式的管理

（1）养殖场及沼气池管理

① 饲养畜禽坚持自繁自养的原则，按照地方畜牧部门防疫规划建立无疫病养殖场，严格搞好预防性消毒、灭病工作。

② 坚持早、中、晚三次清扫粪便入沼气池和冲洗圈舍。圈舍内的排粪沟最低处向墙外开设一排水口，沼气池入料口处设雨水挡板。

③ 严禁农药废水、消毒药水、酸性和碱性水流入沼气池。

④ 饲养的畜禽品种按地方政府规划和饲养管理技术规范执行。

（2）果树管理

① 果树根部追肥：在果树生长期，结合浇水施入沼渣、沼液肥。在贮肥池内按肥水 1∶3 的比例加水，搅拌后打开排放闸门，使沼液随水顺管道向果树盘（树掩）内自行施肥浇水。

② 叶面喷肥：在 5～8 月份，采取中层清液（沼液），用纱布过滤后，按肥水 1∶2 比例加水，5～7d 喷施一次。

③ 整形修剪：按规定对果树进行修剪。此外要坚持促花保果、疏花疏果、防治病虫害等常规管理。

二、"猪-沼-莲-鱼-菜" 五位一体生态模式

"猪-沼-莲-鱼-菜"五位一体模式，是以土地和水资源为基础，以太阳能为动力，以设施为保障，以沼气为纽带，将种植与养殖、温室与露地、作物与水产相结合，实现积肥、产气、生活、种养同步并举。该模式以 400m² 日光温室为基本生产单位，温室内建一个 8～10 m³ 的沼气池，出料口位于室内，进料口留在室外所建的 10～15 m² 的猪舍内，冬季猪舍上部用塑膜覆盖。同时，温室前挖一个 1 亩的长方形"莲鱼共养池"。基本流程为：温室蔬菜及莲藕销售后剩下的残菜可喂猪，猪粪和秸秆入沼气池，经充分发酵产生的沼渣作为无菌的优质肥料可供温室和莲池肥田改土；沼气除供农户照明、炊事、取暖外，还可于冬日增补温室蔬菜二氧化碳气肥；沼液不但是蔬菜和莲菜的优质追肥和叶肥，还可以喂猪和养鱼，这样形成一个有机、完整、协调、循环的良性生态链。

三、"猪-沼-果-鱼-灯-套袋" 六位一体生态模式

"猪-沼-果-鱼-灯-套袋"六位一体模式，是以种养业为龙头，以沼气建设为纽带，串联种、养、加工等产业，并开展沼气肥全程利用的综合性生态农业生产方式。生产者通过种植促进养殖业的发展，建设沼气池，利用人畜粪便、作物秸秆、生活污水等下池发酵，产生的沼气用于做饭、点灯，沼肥用于农作物施肥、喂猪、养鱼等；应用诱虫灯诱虫喂鱼，减少病虫害；同时通过果树套袋保护果实，实现高效循环利用农业资源，生产安全优质农产品。其主要做法：一是发展养猪，猪粪是整个生态产业链条的源头，是沼液的主要原料。沼液作为猪饲料的添加剂，能加快生产、缩短育肥期，提高肉料比。二是修建鱼池养鱼，以投喂商品饲料为主，结合投放沼渣、沼液和诱杀昆虫补充。三是安装诱虫灯，利用灯光诱杀害虫可减少农作物的虫害，减少农药使用量，减少对环境的污染，减少对天敌的杀伤，不会引起人畜中毒。四是发展沼气，为农户提供清洁的生活能源。五是沼液、沼渣可用于果树种植，其中沼渣宜作为基肥深施，沼液宜作为追肥施用。六是采取果实套袋，在生长期内进行保护。

单元四 以稻田为主体的生态养殖模式分析与推广

我国自然资源特色明显，地区差异显著，各农区结合本地优势，因地制宜构建了众多农牧结合的生态农业模式。南方地区以稻田生态系统为主，发展了以水稻生产为核心的众多农牧结合模式，如稻鹅、稻鸭、稻鱼等农牧结合模式。

一、 稻鹅结合模式

1. 基本模式

稻鹅结合模式主要是在我国稻作区，利用稻田冬闲季节，种植优质牧草，养殖肉鹅（四季鹅）。一般情况下，黑麦草是比较普遍的牧草品种。多数地区在水稻收割前7～10d，将黑麦草种子套播到稻田，利用此时稻田土壤还比较湿润，利于牧草种子发芽出苗。套播能延长牧草的生育期，提高牧草产量，并提前牧草的刈割时期，提早肉鹅上市时间，增加养殖利润。肉鹅多半是圈养与放牧结合，在苗鹅时期，气温比较低，鹅的抗病能力差，牧草生长量小，苗鹅多在农田周边的鹅舍中圈养，并注意鹅舍的增温保温。农户将牧草收割回去后，切成小段，与精饲料配合喂养苗鹅。待春暖花开，气温升高并相对稳定后，则进行放牧。有计划地将稻田划分为若干区域，进行轮牧。晚上收鹅回舍，并补充一些精饲料。鹅舍边挖建一水池，供鹅活动。正常情况下，一般1亩稻田可饲养50～100只肉鹅，具体数量要看牧草生长情况，即精料补充量的多少。稻鹅结合模式，在稻麦两熟地区发展非常迅速，其典型模式为水稻套播牧草喂养肉鹅，即稻/草-鹅模式。

2. 技术关键

（1）牧草种植技术 为确保冬春菜鹅饲养所需青草，减轻劳动强度，牧草应采用套种方式，散播黑麦草37.5～60kg/hm²。栽培要点：①适时套播，提早青草采收期。根据田间土壤水分和天气状况，在水稻收割前7～10d将黑麦草散播在稻田中，同时施入25kg/hm²复合肥（氮磷钾有效成分为15：15：15），并开好灌排水沟。②及时追施起苗肥，促进早发。在水稻收割后10～15d，结合田间灌水，追施尿素150kg/hm²。③分次收割，及时补肥。同一田块每隔10～15d采青草1次（株高30～40cm），留茬5～6cm，收后2～3d内，补施尿素150～225kg/hm²。

（2）鹅饲养技术 提前整理鹅舍，适时引进苗鹅。在商品鹅出售完后，选晴天及时对鹅舍进行清理、日晒消毒。进鹅前，将鹅舍的保温设施安装、调整好，并对鹅的活动池、活动场进行清理，给活动池换水。在南方农区，第1批苗鹅在12月下旬至次年1月初买进，第2批苗鹅在2月下旬至3月初买进，两批相差40～50d。冬季保温防湿，适时放养。鹅舍必须备有保温、排风设施，并同时采用简易增温设备，如煤炉烧水、热气循环增温。在苗鹅出壳 10～15d 后，视天气和鹅的体质情况，适当进行放养。苗鹅应晚放早收，雨天不放，适当补料，及时防病。在前 10d，每只每天补料 0.01kg，11～20d 为 0.02kg，31～60d 为 0.05kg，61～70d 为 0.1kg，71d 至出售时为 0.25kg。苗鹅及时注射抗小鹅瘟血清，如出现鹅霍乱，则应对鹅舍进行全面消毒，并将病鹅烧毁或深埋。适时上市，提高商品鹅的品质。

（3）系统耦合技术 稻/草-鹅生产模式是一个复合农牧系统，实现水稻、牧草种植系统与菜鹅饲养系统间的耦合至关重要，只有建立一个农牧结合的有机整体，才能获得最高效益。系统耦合的技术要点之一是合理的品种搭配。水稻品种应选用中熟优质高产品种；黑麦草选用一年生、叶片柔软、分蘖力较强、耐多次收割的四倍体品种，如国产的四倍体多花黑麦草等；菜鹅选用个体中等、生长速度较快的品种，如太湖鹅与四川隆昌鹅的杂交品种等。其次是种植进程与养殖进程的协同。水稻采用有序种植方式，后期搁田适当，并最好进行人工收割。牧草采用套种方式，并间作部分叶菜类作物，如油菜、青菜等，供苗鹅食用。鹅采用圈养方式，并分批购进，两批间相隔 40～50d，以错开青草的需求时期和上市时间，提高牧草利用率和经济效益。

3. 效益分析

（1）经济效益 稻/草-鹅模式是稻-麦两熟农区及双季稻区冬闲田的一种高效利用模式。张卫建等在江苏的试验表明，与当地的稻-麦两熟相比，尽管稻/草-鹅生产模式的耕地粮食单产比稻-麦模式低 47.09%，但是稻/草-鹅模式的耕地生产率和耕地生产效益分别是稻-麦模式的 2.64 倍和 3.94 倍，其投入产出比也显著低于稻-麦模式，可见，稻/草-鹅模式具有明显的经济效益。另外，稻/草-鹅模式的经济效益显著高于稻-麦模式，主要在于改冬季种小麦为种牧草饲养菜鹅，效益递增明显。其中，冬种牧草饲养菜鹅所增效益占该模式全年新增效益的 80% 以上。冬种牧草与种小麦相比，减少了全年农药、除草剂的使用量，从而降低了生产成本。另外，稻/草-鹅模式可为农田提供大量优质有机肥（鹅粪及鹅舍垫料），减少了水稻的化肥用量，进一步降低了生产成本，提高了水稻产量。

（2）生态效益 稻/草-鹅模式不仅经济效益显著，而且生态综合效益也非常明显。首先在农田杂草控制效应上，江苏的试验发现，发展一轮稻/牧草种植方式后，其冬闲田杂草群体密度为 85 株/m²，而稻-麦模式后的冬闲田杂草群体密度高达 957 株/m²。可见，稻/草-鹅生产模式具有明显的杂草控制效应。同时，施行不同复种方式后，不仅杂草总量差异明显，而且杂草的群落结构差异显著。稻/牧草种植方式的冬闲田杂草群体中单子叶类杂草密度比例为 27%，而稻-麦模式冬闲田杂草中单子叶所占的比例达 72%，杂草以单子叶占绝对优势。其次，在土壤肥力维持方面，稻/牧草种植方式下，土壤总氮、有机质、速效氮、速效磷、速效钾分别比稻-麦复种方式高 23.13%、27.10%、31.25%、98.374%、46.73%。土壤肥力明显提高，主要是因为稻/草-鹅生产方式下，有大量的黑麦草根系和部分后期鲜草被翻入土壤之中，增加了土壤的有机质来源。同时，因该农牧结合模式有大量的鹅粪产生，这些有机肥均投入到这些田块之中，使土壤肥力得到明显提高。另外，从田间实地考察来看，稻/牧草复种方式下的田块，土壤富有弹性，土层疏松，这表明其土壤团粒结构、疏松度和耕层等土壤物理性状也有明显改良。

（3）社会效益　尽管稻/草-鹅生产模式的耕地粮食单产比稻-麦模式低，但稻/草-鹅生产模式所提供的食物总量明显高于稻-麦模式。如果把所饲养的菜鹅以 2：1 饲料转化率（实际生产中的转化率还要低）折算为粮食，则稻/草-鹅生产模式的耕地粮食单产为 $16913kg/hm^2$，比稻/麦模式粮食产量高 45.91%。可见，该模式粮食生产能力较强。另外，该模式的应用还将有利于我国南方稻/麦两熟地区农业生产结构的全面调整，从根本上减轻因农产品结构性过剩给政府带来的财政压力。同时，该模式每发展 $0.67hm^2$，可吸纳 4～5 个农村劳动力，如果进一步发展产后加工业，则可吸纳更多的劳动力，因此该模式还能充分利用南方农区劳动力资源，缓解农村就业问题。可见，该模式不但可明显提高农业效益，增加农民收入，而且对确保我国农村社会的稳定性意义重大。

二、 稻鸭共作模式

1. 基本模式

稻鸭共作系统是以稻田为条件，以种稻为中心，家鸭田间网养为纽带的人工生态工程系统。国内对稻鸭共作有共生、共育、共栖、生态种养和稻丛间家鸭野养等不同提法，其系统结构和技术规程基本类似。稻鸭共作系统的农业生物主要由肉鸭和优质水稻组成，其中肉鸭以中小役用型品种为主。役用鸭好动，抗病耐疲劳，对水田病虫草害的捕食能力强，生态环境效益突出。水稻则因地方特征而定，可以是双季稻区的早籼稻、杂交籼稻，或单季稻区的中晚稻品种。一般情况下，水稻株型紧凑，植株生长势强，抗倒伏。另外与常规稻作系统相比，稻鸭共作系统中的有益昆虫种群数量较大，有害生物种群数量小。虽然有不少学者提出在现有的稻鸭共作系统中增加诸如红萍、绿萍、鱼等生物，以丰富系统组分，提高系统整体效益，但实际应用不多。在系统营养结构上，鸭子以昆虫、水生动物、杂草和水稻枯叶为主要食物。为提高经济效益，生产上也对鸭子补充一定量的饲料。鸭子的排泄物、作物秸秆、有机肥为水稻生长提供全部所需养分，不施用化学肥料，稻鸭构成一个相互依赖、相互促进、共同生长的复合系统。

2. 技术关键

（1）系统耦合技术　我国各地实施稻鸭共作技术的步骤基本类似，一般包括田块的选择与准备、水稻和鸭子品种的选用与准备、防护网与鸭棚的准备、水稻的移栽与鸭子的投放（雏鸭的训水，放养的时间、密度）、稻鸭共作的田间管理和鸭子的饲喂、鸭子的回收和水稻的收获等主要过程。当然各地由于季节和稻作制度的不同，在种养模式的具体技术上亦略有不同。以江苏省为例，稻鸭共作田施肥措施以秸秆还田、绿肥、生物有机肥（菜饼）等基施为主；旱育秧株距 20～23.3cm，行距 26.7～30cm，亩栽插 1.0万～1.2万穴，基本苗 5万～6万，放鸭 15～20只。中国水稻研究所在推广稻鸭共育技术时实行大田贩、小群体、少饲喂的稻田家鸭野养共作模式，施肥措施以一次性基施腐熟长效有机肥、复合肥为主，以中苗移栽为主，实行宽行窄株密植方式，在秧苗返青、开始分蘖时放鸭（雏鸭孵出后 10～14d），亩放养 12～15只。湖南省稻鸭生态种养田肥料处理实行轻氮重磷钾，一次性基施措施，亩施 N 10～11kg，N：P_2O_5：K_2O 为 1：0.5：1。水稻栽插密度，早稻每亩 2.0万～2.2万穴，常规早稻基本苗 12万～13万，杂交早稻 8万～10万；晚稻 1.8万～2.0万穴，常规晚稻基本苗 10.5万～11.5万。鸭子育雏期 18～20d，早稻栽后 15d，中、晚稻栽后 12d 放入鸭子，每亩放鸭 12～20只。安徽省农业科学院在推广稻鸭共作技术时确定的放鸭数量为：常规稻田每亩放养 7～13只，早期栽插的水稻田则为 6～7只。华南农业大学在广东省增城市的示范应用中每亩放鸭 25只左右，在秧苗抛植 12d 左右放鸭下田。云南农业大学在昆明基地的试验中水稻栽插采用双行条栽（窄行距 10cm、宽行距 20cm、株距 10cm），每穴 3～4苗。

（2）鸭子选用、防护及鸭病防治　鸭子的选用是稻鸭共作技术的重要组成部分。虽然我国鸭种资源丰富，但各地现有鸭品种在灵活性、杂食性、抗逆性等方面还不能真正满足稻鸭共作要求，例如东北稻区就表现出鸭子昼夜耐寒性不够。江苏省镇江市水禽研究所选育的役用鸭，稻田活动表现出色，肉质鲜嫩，但鸭子体型较小，羽毛黑色，宰杀后商品性稍差，应加强选育体型色泽更美观、功能用途更多样的专用鸭。另外，可用脉冲器来防止天敌危害，但首次投入较大，大面积应用时可省去电围栏，在稻田四周用尼龙网围好，这样可节本增效。做好鸭子的免疫和病害防治，如发现病鸭要及时处理。

（3）水稻栽插方式及农机配套　稻鸭共作生产中，考虑到鸭子在田间的活动，应扩大水稻种植的株行距，常采用较宽大的特定株行距来进行栽插，但对水稻高产稳产来说，基本苗数往往显得不够。朱克明等认为适当提高移栽密度不影响鸭子除草捕虫效果而利于获得优质高产。生产上如何协调稻鸭共作稀植要求与保持水稻高产稳产的栽插密度之间的矛盾，应针对不同水稻类型、不同生育期的品种来进行试验研究，不能一概而论。

（4）施肥制度与病虫防治　现行稻鸭共作技术一般只在基肥中施入适量的有机肥或绿肥，即使加上鸭粪还田，在水稻抽穗后往往仍出现肥力不足的现象，导致产量下降。有研究表明，鸭粪有肥田作用，但仅相当于水稻 20%左右氮肥用量。同时有研究认为在不施肥条件下并未显示因养鸭而增产的情况，提出不能因运用此项技术而减少肥料施用量。施用适量有机复合肥作为稻鸭共作技术的水稻促花肥，对水稻有明显的增产作用。如果一味地强调只在基肥中多施有机肥，也会对稻田生态带来负面影响。另外，鸭能够有效清除稻田主要害虫并减轻病害发生，但对危害稻株上部的三化螟、卷叶螟防效较差，尤其在抽穗收鸭后还有 1个多月的水稻灌浆期，难于继续发挥鸭子的除虫作用。虽有调查认为稻鸭共作的白穗率比非养鸭田降低 74.2%，但更多的结果是抽穗后水稻白穗率增多 9.3%～10.3%，严重的达到 18.4%。因此，做好稻田后期的生物防治显得尤为重要。生产上除通过种子处理防止原种带菌、调整播栽期避开螟虫危害和适当使用生物农药防治外，还可采用物理防治方法来减轻病虫危害，如采用频振式杀虫灯来防治害虫。

3. 效益分析

(1) 经济效益　试验表明，发展稻鸭共作系统，改传统稻作为有机稻作，生产有机稻米和鸭产品，经济效益非常突出。浙江省对 1.5 万公顷稻鸭共作示范户统计发现，由于养鸭收入与无公害大米加价以及节省成本等，稻鸭系统的纯收入比传统稻作模式增加 3500 元/hm² 以上。在湖南省长沙市秀龙米业公司示范推广稻鸭共作系统所生产的农产品，大米在普通优质米基础上加价 5%～10%，生态鸭、生态蛋比普通鸭、蛋价高 20% 以上，平均纯收入增加 2000 元/hm² 左右。发展稻鸭共作模式，有利于提高农业效益和农民收入。

(2) 生态效益　稻鸭共作系统的生态效益主要表现在对病虫草害防治、土壤质量保持和农田环境保育上，尤其是对田间杂草的防治，效果显著。现有试验均表明，鸭喜欢吃禾本科以外的水生杂草，再加上田间活动产生浑水控草作用，稻鸭共作除在少数田块少数稻丛间有少量稗草出现外，对其他杂草有 90% 以上的防效，显著高于化学除草效应。江苏省镇江市稻鸭共作区水田杂草控制率在 99% 以上，其中鸭子活动产生的浑水控草效果也达 75% 以上。湖南省的调查结果显示，早稻田杂草减少 95% 以上，晚稻田杂草减少 65% 以上。同时，稻鸭共作的除虫防病效果也比较显著，能消灭稻飞虱、稻叶蝉、稻象甲、福寿螺等。另外，稻鸭共作对土壤改良和增肥效果也非常明显。鸭在田间活动，具有很好的中耕和浑水效果，能疏松土壤，促进土壤气体交换，提高土壤通透性。鸭的排泄物具有显著的增肥培土效应，1 只鸭排泄在稻田的粪便约为 10kg，所含的养分相当于 N 47g、P_2O_5 70g、K_2O_3 1g，等于 50m² 水稻所需的 N、P 和 K 的需求量。可见，稻鸭共作可大大减少除草剂、农药、化肥等用量，对稻田生态环境健康非常有利。

(3) 社会效益　首先，将家鸭饲养纳入水田有机种植系统之中，可提高农产品的供应量，丰富人民的食物结构，提高食物安全的保障水平。据中国水稻研究所的试验结果，通过发展稻鸭共作模式，在确保水稻单产不变甚至有所提高的基础上，可产出 300～400kg/hm² 左右的家鸭。江苏省镇江市几年的实践也表明，不计算鸭蛋的产量，稻鸭模式也可生产肉鸭 250～300kg/hm²。其次，将家鸭饲养纳入有机优质稻米生产系统后，不仅可以促进水田种植结构的调整，而且也可扩大农区家禽饲养量，节省饲料用粮，进而有利于调整农区以生猪饲养占绝对优势的畜牧业结构。而且，稻鸭模式的发展及其产后加工链的跟进，也有利于农村剩余劳动力的安排。试验和调研表明，发展 1hm² 稻鸭共作模式，就可多安排 2～3 个农村劳动力，如果再进一步发展农产品加工，则可安排更多的劳动力。稻鸭共作模式的发展可以加快农业产业化进程，促进农民生产意识的转变与提升。

三、 稻鱼共作模式

1. 基本模式

稻田养鱼在中国有长期传统，早在三国时代（公元220年左右）已有稻田养鱼的文件记载。建国初期，我国西南地区和华南山区及几个高原省份（主要是四川、贵州、湖南、江西与浙江），由于缺少溪流和湖泊，就利用稻田来养鱼，以满足其对鱼产品的需要，稻田养鱼已是这些地方的传统生产模式。现在稻田养鱼地区已扩展到包括华北甚至黑龙江在内的二十多个省和地区。生产模式也从传统的单一层面的粗放养殖转变到高堤深沟、垅上种稻、沟中养鱼；从冬休田的单一养鱼转变到菜、稻-鱼、麦-稻-鱼和稻-晚稻-鱼的轮作；以及从单一品种（鲤鱼）转变到包括草鱼、罗非鱼、鲇鱼等。近年来，一些特种水产养殖如螃蟹、虾、泥鳅和黄鳝等，也与水稻种植相结合，构建成多样化的稻田养殖系统。

在水稻和鱼所形成的生态系统里，杂草与鱼之间存在着竞争关系，稻与鱼之间存在着共生关系。在水稻生长季节把鱼种放养在稻田里，鱼种牧食田里的杂草，而稻秧则由于食物大小不适口而完整地保留下来，从而减轻了杂草与水稻之间对光照、空间和养料的竞争。田里的害虫由于鱼的捕食而得到控制。稻田里的浮游植物、浮游动物、底栖无脊椎动物和有机碎屑可充当鱼的天然饵料生物。同时，水稻为鱼提供了可以躲避阳光直接照射的藏身之地，鱼的呼吸所产生的二氧化碳丰富了田里水中的碳贮备，增加了田里浮游植物和水稻的光合作用活力。水稻田里鱼的排泄物和死亡的有机体成为水稻的肥料，鱼的运动和摄食活动起到疏松土壤结构的作用，有利于水稻吸收养料。这些作用的总和，使人们在收获鱼产品之外，稻谷也增了产。

2. 技术关键

（1）稻鱼模式 首先，应重视稻田的准备工作。选择阳光、水源充足、排灌方便、不受旱涝影响的稻田为稻鱼结合模式的种养稻田。加高加宽田埂，开挖鱼坑、鱼沟，结合春季整地，分次将田埂加高到0.3～0.4m，在进水口田埂边缘处开挖深1.2m、面积约占四面4%～5%的坑塘，坑壁用木板、竹片加固，坑塘和大田之间筑一小埂。栽秧返青后，根据田块大小开挖"十"、"井"、"田"字等形状鱼沟，鱼沟宽、深各0.35～0.4m，要做到坑沟相通，移出的禾苗移栽到沟两边。田埂上种田埂豆，坑塘上搭棚种瓜，这样有利于鱼苗过夏，又能增加收入。在进出水口要安置拦鱼栅，拦鱼栅可用竹篾、铁丝编制而成，空隙为0.5cm，栅栏顶部要求高出田埂0.2m左右，底部要插入稻田0.3m。其次，要注意鱼苗的放养，放养前必须将坑塘中淤泥挖出回田，堵塞漏洞。加固鱼坑四壁。鱼种投放前8d，坑塘每立方米水体按0.2kg生石灰兑水泼洒消毒。2～3月份，根据稻田及鱼种供应条件，每亩放13.3～20cm草鱼120尾，10～13.3cm鲤鱼80尾，6.7～10cm鲫鱼80尾。6月中旬再套养草鱼夏花600尾，鲤鱼夏花200尾，作为来年的鱼种。放养鱼种要保证质量，要求体质健壮，下塘前用 2‰～3‰ 的食盐水浸洗 5min。早稻栽前后，每亩放入细绿萍、小叶萍等 50～100kg，多品种放养，可以为鱼提供饲料。再次，水稻品种应选用分蘖力强、生产性能好的品种。早稻品种每亩插 2.4 万穴左右，保证基本苗 10 万～12 万；晚稻插 1.9 万穴左右，保证基本苗 6 万。最后，在田间管理上，应科学管水，要根据稻、鱼需要，适时调节水深。从移栽到分蘖，一般保持 6cm 水深；从分蘖到孕穗拔节，一般逐渐将水深提高到 10cm 左右。4～6 月每周换一次水，7～8 月份每周换 2～3 次水，9 月份每 5～10d 换一次水，每次换水 1/4 左右。巧施肥，为确保鱼类安全，施肥要按照基肥重施农家肥、追肥巧施化肥的原则。鱼的饲料以萍为主，兼食田间杂草及水生动物等，并可适当补投一些精料。在大田插秧、施用化肥、农药及烤田时，应先将田水放浅，把鱼赶入沟塘中。注意鱼病和水稻病虫害的防治，尤其要注意在水稻病虫害防治时，不要对鱼产生毒害。

（2）永久性稻鱼工程技术　首先应开挖坑塘，加高加宽田埂。坑塘是鱼类栖息、生活和强化培育的主要场所，是稻田养鱼高产稳产的基础。可根据田块实际情况设置，一般设在靠近灌溉渠方向，以方便常年流水养殖；或设在周边，方便开挖土方，以缩短加高加宽田埂的运距。坑塘的面积应占大田面积 10%～12%，深度要求 1.5～2m，在此范围内越大越好，越深越佳。坑塘的形状有椭圆形、长方形、梯形等，以椭圆形流水为最畅，无死角；为了减轻坑塘开挖的工程量，建议采用"回"字形结构，外口离田面深 0.8m，内口离外口底深 0.8～1.2m。坑塘距离外田埂至少 1m 以上，以防止田水渗漏。开挖坑塘的土方挑至该田块的田埂四周，用以加高加宽田埂之用。其次，要浆砌塘壁，建造永久鱼凼。坑塘池壁固定材料选用砖或块石，浆砌材料选用水泥或石灰混合水泥，砂浆比例为水泥∶石灰∶粗砂＝1∶1∶8。基础应低于池底 15～20cm。塘壁若采用石砌，横断面为梯形，上窄下宽，底宽 30cm，上宽 25cm，迎水坡度 1∶（0.2～0.3），背水坡垂直，若采用砖砌则用 24cm 直墙，同时每隔 1.5m 加设一"T"字形砖（石）柱，使其整体牢固。池壁粉刷厚度 0.2～0.3cm，砂浆比例为水泥∶石灰∶细砂＝1∶1∶7。待浆砌 48h 后，将壁隙用土回填，并夯实。然后，就地取材，装设进排水管（槽）。进水管长度以从灌溉渠至伸进坑塘 0.8～1m 为宜，直径因田块坑塘大小而异，可选择 6～10cm 的塑料水管或木水槽均可。在灌溉渠边设置一个简易小过滤池，用筛绢或纱窗做成一个可开口的方形网箱，再在网箱一边开设一个圆孔，直径与进水管相当，并用纱窗或筛绢缝制成管状绑套住进水管，以防止野杂鱼与敌害生物及其虫卵顺水入池。排水槽设在坑塘与大田大鱼沟连接处，槽闸形状成凹形，便于强化培育期间及农事时节屯养时加高水位之用，槽闸底与大田大鱼沟底平，一般低于田块 0.3～0.5m，槽闸底用水泥砂浆抹面。养殖期间，一般用 2 块木板作闸门，将槽闸封牢，高度视养殖所需而灵活掌握。为了防洪及排田水，还应在大田另一端加设 1 个或数个排水口，并设置间距 0.2～0.3cm 左右的拱形拦鱼栅。最后，要因地制宜，植瓜果搭棚架。在坑塘的西北侧，按每隔 2m 的距离立一高 1.5～1.8m 左右的竖桩，并在上面用木（竹）条搭成棚架。在西北空地上种植葡萄、猕猴桃或种植南瓜、冬瓜等藤类植物，不但在夏秋可以给鱼遮阴，还可获得较高的经济效益。坑塘边闲地及四周田埂可种植鱼草、田埂豆、薏米、蔬菜或其他经济作物。

（3）稻蟹共作技术　在水稻栽培技术上，养蟹稻田要适时早栽、早管，促进水稻早生快发，尽快达到亩收获基数，为早放蟹苗，增加稻蟹共生创造条件。首先，养蟹稻田应选择灌排方便、水质清新、地势平坦、保水性好、盐碱较轻、无污染的田块。在蟹田平整后，距四周捻埂 1m 处挖深 0.4m、宽 1.0m 的环沟，捻埂要坚实，高 0.5m，顶宽0.5m，内坡最好用纱布护坡或埋农膜防逃，并选择叶片直立型、茎秆粗壮、抗病抗倒的紧穗型水稻品种。在提早泡田整地的基础上，根据季节按期插（抛）完秧。其密度为30cm×13cm 至 30cm×17cm，每隔 5 行空 1 行，其苗分栽于该行两侧。亩施农肥1500kg 与过磷酸钙 40kg 及 40％的氮肥做基肥，其余氮肥要在水稻返青见蘖时及时早追入。放蟹后，原则上不再追施化肥，必要时可追补少量的尿素，每亩一次追肥不能超过 5kg。养蟹稻田除草应选择残效期短、毒性低的肥料，以消灭挺水杂草（如稗草）为主的农药，药量宜小。如劳力充足，可不用药，在放蟹苗前人工除稗 1 次，将超出水面杂草除掉，其余可做河蟹饵料。放蟹苗前，稻田主要采取浅水灌溉的方法，促进水稻分蘖。放蟹苗时，要排净稻田陈水，换一次新水。投苗后只能灌水，不能撒干水，水层保持 10cm 以上，经常换水，从泡田开始，稻田灌水需要加网袋以防蟹逃跑。其次在河蟹放养技术上，采用工厂化育苗设施，育苗室为玻璃钢瓦或塑料大棚厂房，水泥培育池，池呈方形，面积 15～30m²，深 1.5～2.0m，采用锅炉加温。进行亲蟹的选备与促产，可以早春从河口海边收购天然抱卵蟹，或秋季收购淡水成熟蟹，进行人工交配促产。亲蟹经消毒处理后，雌雄分开，在室外土池淡水强化喂养一段时间。当水温达 12～14℃时，将雌雄亲蟹放在一起，注入海水，使盐度逐步提高，最后与纯海水相同，经过 7d左右交配产卵，即可获得抱卵蟹。在幼蟹放养技术上，蟹苗要在水稻本田各项作业基本结束以后，才能放入稻田，一般从孵化蟹苗到水田作业结束需 20～30d。水稻插后稻田中农药和化肥残效期过去之后，即可放苗。放苗时，先将暂养池内水排浅，然后将暂养池与稻田之间捻埂挖开，蟹苗就可逆水流进入田间。放苗前，稻田四周要围好防逃墙，消灭青蛙、野鱼、老鼠等敌害。幼蟹进入田间以后，如果田间无任何杂草，可投放绿萍等水草，并适量投喂豆饼、玉米饼等饵料。中后期以沉水植物、鲜嫩水草为主，必须满足供应。距水源较近处挖深 1.5～2.0m 越冬池塘，每亩可放苗 300～400kg。水稻成熟以后，采取循环灌排水的办法网捕幼蟹（扣蟹），也可以在防逃墙角挖坑安装水桶抓捕，捕后分规格放入越冬池内存储越冬待销。注意蟹种选择，应选购规格较大、每公斤60～80 只、整齐一致、肢体健全、活力强壮的一龄性未成熟幼蟹，经药剂消毒后放入稻田。科学确定放养密度，粗养（不投饵）每亩放苗 100～200 只，精养（投喂）每亩放幼蟹600～1000 只。科学投喂饵料，以人工合成饵料为主，辅以绿萍和其他鲜嫩水草及杂鱼、虾等动物性饵料，必须供应充足。适当消毒补钙，在养殖期间，每隔半月沿田内环沟泼洒生石灰液，每亩 2～3kg。

3. 效益分析

稻鱼模式可使稻谷增产，减少化肥和农药的使用，增加农民经济收入。

在生态效益方面，稻为鱼增氧、调温、供食，鱼为稻除草、杀虫、施肥，相互构建了良好的生态互利关系。同时，它几乎不使用除草剂和杀虫剂，这样使垄稻沟鱼所产的稻米和鲜鱼中农药残留量大为减少。

在社会效益方面，该模式可以显著增加社会总养殖水面，从而增加社会鱼类蛋白总量。1hm² 垄稻沟鱼可产生有效养殖水面 0.4hm²，按每公顷平均产鱼 720kg 计，共可产鱼 288kg。还可以促使剩余劳动力转化，增加农村剩余劳动力转化总量，1hm² 垄稻沟鱼比常规种稻可多转化剩余劳动力 150 个工日。

单元五 以渔业为主体的生态养殖模式分析与推广

以渔业养殖为主导，综合运用生态环境保护新技术以及资源节约高效利用技术，注重生产环境的改善和生物多样性的保护，实现农业经济活动的生态化转向。

一、渔牧结合模式

渔牧结合模式是畜禽养殖与水产养殖的结合，主要有鱼、畜（猪、牛、羊等），鱼、禽（鸭、鸡、鹅等），鱼、畜、禽综合经营等类型，都是各地较为普遍的做法。在池边或池塘附近建猪舍、牛房或鸭棚、鸡棚，饲养猪、奶牛（或肉用牛、役用牛）、鸭（鹅）、鸡等。利用畜、禽的废弃物——粪尿和残剩饲料作为鱼池的肥料和饵料，使养鱼和畜、禽饲养共同发展。在鱼、畜、禽结合中，有的还采取畜、禽粪尿的循环再利用，如将鸡粪作猪的饲料，再用猪粪养鱼，以节约养猪的精饲料，降低生产成本；或进一步将鸡粪经过简单除臭、消毒处理，作为配合饲料成分，重复喂鸡（或喂鱼），鸡粪再喂猪。以鱼鸭结合为例，一般以每公顷水面载禽量 1500 只，建棚 225m² 为宜。每周将地面上的鸭粪清扫入池，每隔 30~45d 更换一次鸭的活动场所。鸭粪与其他粪肥一样，入水后能促使浮游生物大量繁殖。一般农户规模为养鸭 800~1500 只，养鱼 0.5~1hm²。鱼鸭混养，每亩多收鱼 150kg，产鸭 100 多只。在利用鱼、鸡、猪三者相结合时，一般每公顷鱼池配养 2250~3000 只鸡，45~60 头猪。

二、渔牧农综合模式

将渔、农和渔、牧的形式结合起来，以进一步加强水、陆相互作用和废弃物的循环利用，主要有鱼、畜（猪、牛、羊等一种或数种）、草（或菜），鱼、畜、禽（鸭、鸡或鹅）、草（或菜），鱼、桑蚕综合经营等类型。前两种类型在各地较为普遍，都是以草或菜喂鱼、畜和禽，畜、禽粪尿和塘泥作饲料地或菜地的肥料，部分粪尿下塘肥水，或进行更多层次的综合利用，例如牛-菇-蚓-鸭-鱼类型，利用奶牛粪种蘑菇、养鱼，蘑菇采收后的土用来培养蚯蚓，蚯蚓养鸭，鸭粪再养鱼。鱼、桑、蚕类型因要求的条件较高，故分布不及前两种普遍，过去主要集中在珠江三角洲和太湖流域，目前分布区域有所扩展。这种类型广东称"桑基鱼塘"，堤面种桑，桑叶喂蚕，蚕沙养鱼或部分肥桑，塘泥肥桑，桑田的肥分部分随降水又返回池塘，这样往复循环不息。

三、 生态渔业模式

1. 鱼的分层放养

分层立体养鱼主要是利用鱼类的不同食性和栖息习性进行立体混养或套养。在水域中按鱼类的食性分为上层鱼、中层鱼、下层鱼，鲢鱼、鳙鱼以浮游植物和浮游动物为食，栖息于水体的上层；草鱼、鳊鱼、鲂鱼主要吃草类，如浮萍、水草、陆草、蔬菜和菜叶等，居水体中层；鲤鱼、鲫鱼吃底栖动物和有机碎屑等杂物，耐低氧，居水体底层。通过这种混合养殖，可充分利用水体空间和饲料资源，充分发挥不同鱼类之间的互利作用，促进鱼类的生长。应用这种方法时应注意，在同一个水层一般只适宜选择一种鱼类。此外，池塘条件与混养密度、搭配比例和养鱼方式要相适应。

鱼的立体养殖一般可选1～2种鱼作为主要养殖对象，称"主题鱼"，放养比例较大；其他鱼种搭配放养，称"配养鱼"。根据当地自然经济条件、饲料、肥料、鱼种的来源和养殖主要目的等内容确定主体鱼的鱼种（表4-3）。

表 4-3 主要鱼类混养的搭配比例和鱼种的放养密度

地区	水质类型	混养搭配比例/%					放养密度/(尾/亩)		
		草鱼	鲢鱼	鳙鱼	鲤鱼	青鱼	肥水池	瘦水池	浅水池
福州	肥水	40	40	15	10～15	3～5	500～600	300～400	200～250
	瘦水	60	30	10	10				
闽南	肥水	15	50	25	5		300～400	200～250	150～200
	瘦水	25	50	20	5				
闽西	肥水	35	40	20	5		300～350	150～250	120～150
	瘦水	50	25	20	5				
闽北	肥水	50	30	10	5	5	250～300	150～250	120～150
	瘦水	60	20	15	5				

注：1. 肥水塘指水的透明度在25cm以上，瘦水池是指水的透明度在35cm以下。

2. 肥、瘦水池水深为1.5～1.8m，浅水池水深为0.8～1m。

2. 鱼的轮养、套养

珠江三角洲地区的鱼类养殖，多采用分级轮养和套养相结合，以适应在大面积养殖中，能及时有充足的鱼类上市。采用"一次放足，分期捕捞，捕大留小"，或是"多次放养，分期捕捞，捕大补小"。轮养与套养大体有三种类型：①春季一次放足大小不同规格的鱼种，然后分期分批捕捞，使鱼塘保持合理的贮存量。这种形式的养殖主要是皖鱼和统鱼。②同一规格的鱼种，多次放养，多次收获，使鱼塘的捕出和放入鱼种尾数基本平衡。这种形式适用于放养规格大、养殖周期短的鳙鱼、鲢鱼（每年轮捕轮放 3～5 次）。③同一规格的鱼种，春季放完，到冬季干塘时才收获一次，但由于饲养过程个体生长参差不齐，部分可以提早上市，因而该部分可以多次收获。这种形式以鲤、编、鲫等为主要对象。

3. 鱼蚌混养

在传统水产养殖的基础上，利用水质良好的中等肥度鱼塘、河沟或水库，吊养（或笼养）三角帆蚌，在不影响鱼类生长活动的前提下，增加珍珠的收入。一般鱼塘结合育珠，平均每亩一年可收珠 0.5～1kg，净收入 900～1500 元，江、浙、鄂、皖一带鱼蚌混养育珠，收入相当可观。山东聊城市水产局进行鱼蚌混养，在同一水域不同水层放养草、鲢、鳙、鲤等鱼种，在上层水层吊养接种珍珠后的皱纹冠蚌，合理搭配杂食性鱼与滤食性鱼。

4. 鱼鳗混养

选择池堤结实、堤坝较高、防洪设施较好的鱼塘，在养殖鲢鱼、草鱼、罗非鱼、青鱼的同时混养河鳗，单产可提高 5.3%，产值增长约 40%，商品鱼规格率高，质量较好。

5. 水生植物-鱼围养人工复合生态系统

传统的水面网围养鱼，由于采取高密度放养和大量投饲外源性饵料的运作方式，因而，鱼类的排泄物和残饵量大量增加，造成了资源的浪费和水质的污染。所以在养鱼区外围布设一定宽度的水生植物种植区，选择既能为鱼类提供优质饵料，又能净化水质的水生植物（如伊乐藻）繁殖。这样养鱼区所产生的 N、P 等有机物随水流通过水生植物种植区时，为伊乐藻等水生植物所吸收和同化，然后将收割的水生植物作为饵料再投入养鱼区，如此循环往复，从而建立起从水体中的营养物质（鱼类排泄物和残饵中的 N、P 经微生物分解和转化）-伊乐藻等水生植物（吸收和利用）-鱼类（用作饵料）的生态模式，以达到良性循环。

6. 愚公湖（洪湖-子湖）生态渔业模式

愚公湖位于洪湖东南角，面积近 2000 亩，形状近似梯形。1976 年建堤，曾两次用于养鱼，以后均因调蓄时被洪水淹没而失败，最后被迫放弃，荒废达十年之久。残留土堤的堤面高程平均 23.8m，湖底最低高程 22.8m，平均 23.2m。冬、春季节最低水位时，平均水深仅 0.5m。

愚公湖的拦网养鱼模式属于湖湾拦网养殖类型，即筑土堤以蓄水，布网以拦鱼。它是在人工控制下，按照生态学原则，进行半开发式的渔业生产。由于子湖水体与大湖水体相通，采用拦网养鱼方式，可以保证子湖在高水位时能分流蓄洪，在低水位时能照常养鱼。

首先是合理控制草食性鱼类的放养密度。愚公湖水草茂盛，水体理化条件良好，加上洪湖大湖面水草资源丰富，能够向愚公湖提供大量的青饲料，因而愚公湖适宜于主养草鱼和少量的团头鲂等草食性鱼类。经过几年的实践表明，欲要保持湖泊良好的生态环境，而且又能获得良好的和持续稳定的经济效益，必须合理地控制和及时调整草食性鱼类放养密度。

其次是确定放养鱼类的种群结构。根据几年的试验和测算，每 2～2.5 尾草鱼排出的粪便所转化的浮游生物量，可供给 1 尾滤食性鱼生长所需，从而推算出，草鱼与滤食性鱼的放养比例约为 70：30 或 2.3：1。这样，既能充分发挥生态效益，又能降低生产成本。

在采用拦网养鱼以前，愚公湖水草丛生，一片荒凉，是荒芜多年的沼泽地。采用拦网养鱼后，水草急剧减少，水体 N、P 含量均未超过富营养标准，水质也明显好于附近的金潭湖和精养鱼池。

作　业

1. 请大家以小组的形式，通过电视、网络、广播等媒体了解有关生态养殖形式或模式，并分析其优缺点。

2. 写出对"北方'四位一体'生态模式"及"四级净化、五步利用"模式的评价报告。

项目五
生态养殖创业项目的设计

单元一　创业计划书的编制

学习目标

能够根据所在地的自然环境特点、社会经济情况等，设计出一个适合当地发展的生态养殖模式。

一、创业计划书的组成

创业计划书一般包括：执行总结，产业背景和公司概述，市场调查和分析，公司战略，风险分析，组织结构，财务预测，资金管理等方面。

1. 执行总结

执行总结是创业计划一到两页的概括，包括以下方面：本创业计划的创意背景和项目的简述、创业的机会概述、目标市场的描述和预测、竞争优势和劣势分析、经济状况和盈利能力预测、团队概述、预计能提供的利益等。

2. 产业背景和公司概述

产业背景主要包括详细的市场分析和描述、竞争对手分析、市场需求。公司概述应包括详细的产品/服务描述以及它如何满足目标市场顾客的需求，进入策略和市场开发策略。产品介绍应包括产品的概念、性能及特性、产品的市场竞争力、产品的市场前景预测等。

3. 市场调查和分析

市场调查和分析包括目标市场顾客的描述与分析，市场容量和趋势的分析、预测，竞争分析和各自的竞争优势，估计的市场份额和销售额，市场发展的走势。

在行业分析中，应该正确评价所选行业的基本特点、竞争状况以及未来的发展趋势等内容。行业分析的典型问题一般包括：①该行业发展程度如何？现在的发展动态如何？②创新和技术进步在该行业扮演着一个怎样的角色？③该行业的总销售额有多少？总收入为多少？发展趋势怎样？④价格趋向如何？⑤经济发展对该行业的影响程度如何？政府是如何影响该行业的？⑥是什么因素决定着它的发展？⑦竞争的本质是什么？你将采取什么样的战略？⑧进入该行业的障碍是什么？你将如何克服？该行业典型的回报率有多少？

4. 公司战略

阐释公司如何进行竞争：在发展的各阶段如何制定公司的发展战略、通过公司战略来实现预期的计划和目标、制定公司的营销策略。

5. 营销策略

对市场错误的认识是企业经营失败的最主要原因之一。在创业计划书中，营销策略应包括以下内容：①市场机构和营销渠道的选择；②营销队伍和管理；③促销计划和广告策略；④价格决策等。

6. 组织结构和管理团队

在企业的生产活动中，存在着人力资源管理、技术管理、财务管理、作业管理、产品管理等。而人力资源管理是其中很重要的一个环节。在创业计划书中，必须要对主要管理人员加以阐明，介绍他们所具有的能力。他们在本企业中的职务和责任，他们过去的详细经历及背景。此外，在这部分创业计划书中，还应对公司结构做一简要介绍，包括：公司的组织机构图；各部门的功能与责任；各部门的负责人及主要成员；公司的报酬体系；公司的股东名单，包括认股权、比例和特权；公司的董事会成员；各位董事的背景资料。

7. 财务预测和资金管理

财物预测包括财务假设的立足点、会计报表（包括收入报告、平衡报表，前两年为季度报表，前五年为年度报表）、财务分析（现金流、本量利、比率分析）等。资金管理包括股本结构与规模、资金运营计划、投资收益与风险分析等。

对财务规划的重点是现金流量表、资产负债表以及损益表的制备。流动资金是企业的生命线，因此企业在初创或扩张时，对流动资金需要预先有周详的计划和进行过程中的严格控制；损益表反映的是企业的盈利状况，它是企业在一段时间运作后的经营结果；资产负债表则反映在某一时刻的企业状况，投资者可以用资产负债表中的数据得到的比率指标来衡量企业的经营状况以及可能的投资回报率。

8. 市场预测

市场预测应包括以下内容：需求预测、市场现状综述、竞争厂商概览、目标顾客和目标市场、本企业产品的市场地位等。

9. 风险分析

关键的风险分析（财务、技术、市场、管理、竞争、资金撤出、政策等风险）、说明将如何应付或规避风险和问题（应急计划）。这部分主要包括：①你的公司在市场、竞争和技术方面都有哪些基本的风险？②你准备怎样应付这些风险？③就你看来，你的公司还有一些什么样的附加机会？④在你的资本基础上如何进行扩展？⑤在最好和最坏情形下，你的五年计划表现如何？如果你的估计不那么准确，应该估计出你的误差范围到底有多大。如果可能的话，对你的关键性参数做最好和最坏的设定。

10. 假定公司能够提供的利益

这是创业计划的"卖点"，包括：总体的资金需求、在这一轮融资中需要的是哪一级、如何使用这些资金、投资人可以得到的回报，还可以讨论可能的投资人退出策略。

二、 创业计划的注意点

一份成功的创业计划应该清楚、简洁，展示市场调查和市场容量，了解顾客的需要并引导顾客，解释他们为什么会掏钱买你的产品/服务，在头脑中要有一个投资退出策略，解释为什么你最合适做这件事等。

一份成功的创业计划不应该：过分乐观，拿出一些与产业标准相去甚远的数据，忽视竞争威胁，进入一个拥塞的市场。

三、 创业计划书参考格式

×××创业计划书
目录
摘要

单元二　生态养殖创业项目的设计方法

　　农牧业生态项目的设计是一件系统工程，是一种创造性工作，需要创见性思维和创造性的劳动。必须从分析当地自然资源和社会经济具体情况出发，根据生态学原理，对生产、生活等多项建设进行各种分析、计算和设计，从而取得最佳的环境和最好的效益。

　　生态项目的设计主要包括结构设计和工艺设计。

一、结构设计

　　首先要确定研究对象和系统边界、范围，由于研究目的不同，研究对象可以是单一的畜牧业系统、种植业系统、林业系统、渔业系统，也可以是上述各系统的几个或全部所构成的复合农牧业生态系统。系统边界的大小，由研究的需要而确定，可以是省、地、县、乡、场、户。其次是全面系统地进行调查研究，分析问题的因果关系。在对现有系统给予充分评价的基础上，根据需要与可能，合理布局农、林、牧、副、渔各业的比例，充分发挥自然资源生产潜力，使结构网络多样化，加速物质的循环与再生，促使生态平衡和稳定。

　　结构设计包括下述内容。

1. 平面结构设计

　　平面结构是指在一定的生态区域内，各生物种群或生态类型所占面积的比例与分布特征。在研究、规划、设计农牧业生态系统总体布局时，必须根据国家和人民的需要，在有利于生产和有利于促进本系统良性循环的前提下，根据各生物种群特点，合理安置最适地点、相应的面积和密度，并通过饲养和栽培手段控制密度的发展，以求达到最佳的平面结构布局。

2. 垂直结构设计（又称立体结构设计）

垂直结构是指在单位面积上各生物种群在立面上组合分布情况。就植物来说，垂直结构包括地上和地下两部分。垂直设计的目的，是把居于不同生态位的动物或植物组合在一起，最大限度地利用土地和自然资源，发挥和利用种间功能，使系统稳定、协调、高效发展。

3. 时间结构设计

在生态系统内，各生物种群的生长、发育、繁殖及生物量的积累是周期性更迭，具有明显的时间系列。根据这种周期规律，人们可以对不同时段进行具体设计，以充分利用不同时段的自然条件和社会条件，使生态系统获得较大的生产力。此外，外界物质、能量的投入，要与生物种群的需求相协调，这也是时间结构设计需要解决的问题。

4. 食物链结构设计

为了充分利用自然资源，可以增加或改变原来的食物链，填补空白生态位，使系统内有害的链节受到限制，把原来人类不能直接利用的产品经过"加环"转化为新产品，使系统更加稳定、协调、高效。

上述各项结构设计，综合构成本系统的总体结构设计。在此基础上，再进行生态可行性、技术可行性、经济可行性和社会可行性的综合分析研究，务使全部设计在理论上是可靠的，在实践上是可行的，这样才能成为一个成功的设计。

最佳的结构主要是最佳的种群结构，是通过不同种群合理配置，按食物链而形成的复合群体，达到最大限度的适应，巧用各种环境资源，增加系统生产力和改善环境的目的。

二、 工艺设计

工艺设计主要是模拟生态系统结构与功能相互协调以及物质循环再生和物种共生等原理，设计、规划、调整和改造生产结构和生产工艺，使一种生产的"废物"成为另一种生产的原料，使资源多层次、多级充分利用，使物质循环再生，这样不仅提高了资源利用率，而且使整个自然界保持生命不息和物质循环经久不衰，使资源永续利用、相互促进、相互依存和综合发展的良性循环系统。

三、 设计生态养殖项目时应充分考虑的问题

1. 物种结构

物种是生物种和品种的总称，是物质生产的主体，是提供生物产量的。物种结构是

指在生态养殖模式中生物种类的组成、数量及彼此关系。即应有哪些物种，每个物种的数量应为多少，比例关系应怎样。只有物种选择适当，数量比例恰当，各物种才能发挥最大的作用，产出最大的生物产量。比如"四位一体"模式中，$100m^2$ 的建筑，暖舍以 $20\sim30m^2$ 为好，适宜于养 5～6 头猪，暖舍下设 $8\sim10m^3$ 的沼气池为好。

物种不仅要选择适当，而且相对比例也要恰当才行。在生态养殖模式中，提倡的是多物种共生，即物种多样性。不怕物种多，越多利用资源才越彻底。

物种是复杂的，在生态养殖模式中物种选择是非常艰难的，要经过多次的摸索，多次的实践。要做详细的调查和研究。总的原则是：使模式内各物种都发挥其应有的作用，最大限度地种用资源，创造最大的经济效益，引入物种应考虑经济效益。

注意问题：在选择物种时应尽量利用物种的互补性，而避免物种的竞争。如在稻田中放养细绿萍，水下养鱼模式中可防止水稻纹枯病的发生（萍类能杀灭纹枯病的病毒）。"四级净化、五步利用"模式中水葫芦利用肥中氮为主，细绿萍利用磷为主，另外细绿萍还有防治猪腹泻的作用。在"四位一体"模式中，猪和蔬菜 CO_2、O_2 互补。再一个注意问题是尽量加大密度。

2. 空间结构

空间结构指的是各个物种在水平方向上和垂直方向上的相互关系。各物种的空间分布包括地下的利用、地面的利用、地上的利用、空中的利用。要使土地资源利用率最高，不让其有闲置土地，怎样用创造的价值大就怎样用。如"四位一体"模式中，在猪舍内距地面 1.5m 左右可安置一排鸡笼，地面养猪，地下是沼气池。

3. 时间结构

物种搭配时要考虑生长时期，利用周期，均衡发展，全年利用。任何生态因子都有年循环、季循环和日循环，而生态因子对生物的生长发育又是起决定作用的。因此，生物都有其特定的生长发育周期。

时间结构即是科学地处理和协调生态（资源）因子和生物生长、发育之间的关系，以便充分利用各种生物在时间上的互补性，使得模式的生产有序、均衡。

各物种对资源因子都有其特定的适应性，如有的适宜于春季生长，有的物种适宜于夏季生长，有的适宜于秋季生长，有的物种以吸收磷元素为主，有的物种以吸收氮元素为主。而我们正好利用资源因子的变化来把物种搭配开，避免在同期各物种竞争资源，而不同时期资源闲置，没有物种来利用。

时间结构是生态养殖模式进行高效生产的重要条件。如鱼稻萍模式中，采取多种鱼混养，根据不同时期水质情况，不同鱼的生态特性，采取分期投放，分批捕捞，实现全年养鱼（南方）。

4. 食物链结构

食物链结构指哪个物种处在哪个营养级合适，是指模式内物质生产和物质转化的链环。生物种群是非常庞大的，但都能以食物链相互联系起来，所以在选择物种时，只要我们理顺链环，配合协调，就能使有机质多层利用，变废为宝。如农副产品加工成混合饲料来养鸡，鸡粪用来喂猪，猪粪可以养蚯蚓，蚯蚓又可以用来养鸡、喂鱼，形成经济高效的循环圈，使有机质得到了充分的循环利用，实现了"蛋多、猪肥、产量高、成本低"的高效益目的。

一般来说，食物链越长，生物产量越高。但需要用的劳动力也越多，物质投入也会多，技术越复杂。所以食物链应根据客观条件而定，应以"由简入繁"为原则，条件差的、资源少的就用简单的形式。如"秸秆喂牛—牛粪制沼气—沼气渣肥田。"田肥则秸秆多，这是比较简单的模式，也很容易实现。如条件较好、资源丰富，可用多层次利用的养、种、加结合的方式（养殖业、种植业、加工业）。

5. 技术结构（各种技术的组合）

配套技术，是实现高效生产的保证。不同的物种需要不同的技术，不同的层次需要不同的技术。如"四级净化"模式中，有养猪生产技术、细绿萍生产技术、养鱼生产技术、水稻生产技术、塑料大棚管理技术。要使得整个模式正常生产，那么各种生产技术都需要具备才行，缺少某种技术将会影响其资源的利用，以致影响经济效益。所以要尽可能地丰富自己的学科知识。

任务：以小组为单位进行生态养殖自主创业项目设计。

要求：①体现生态养殖特点，以养殖为中心；②结合当地自然气候及社会经济条件等特点；③有创新；④注重项目可行性；⑤体现团队精神。

项目六
生态养殖技术

单元一 生态畜牧业产业化经营

学习目标

能够利用生态学基本原理指导生态畜牧业的产业化经营实践。

一、对生态畜牧业产业化的理解

1. 传统畜牧业与现代生态畜牧业

畜牧业的发展经历了原始畜牧业、传统畜牧业、工厂化畜牧业和现代生态畜牧业等阶段。

原始畜牧业主要靠天养畜，生产者通过动物自繁自养扩大畜群规模，畜牧业的生产方式主要是家畜逐水草而居，畜牧业生产水平低，提供畜产品数量少，如6～7头牛一年所提供的畜产品才可勉强维持一个人的生活。原始畜牧业的特点是人类对动物生产很少进行干预，动物、植物和微生物之间通过自然力相互影响。

传统畜牧业是人类有意识地对动物生产的过程进行干预，以获取更为丰富的畜产品。例如，通过人工选择和自然选择培育动植物新品种，通过修建简易的畜舍为动物遮风御寒和防暑，通过种植牧草和农作物为畜禽提供饲料。传统畜牧业的特点是经营分散，规模小，自给性强，商品化不足，畜牧业生产停留在依靠个人经验经营和组织生产。传统畜牧业依靠农业生态系统内部的能量和物质循环来维持生产，一方面，畜禽粪便全部还田；另一方面，农户有什么饲料就喂什么饲料，畜牧生产水平低，效益差。

工厂化畜牧业是指人类将动物当作活的机器，运用工业生产的方式，采用高密度、大规模、集约化的生产方式，借助现代动物遗传繁育、动物营养与饲料、环境控制、疾病预防与防治技术，进行标准化、工厂化的畜牧业生产。工厂化畜牧业的特点是能量和物质投入多，技术含量高，生产水平高，生产效益好，缺点是割裂了动物和植物之间的自然联系。一方面，畜牧业生产规模过大，生产过于集中导致了畜禽粪便难以还田。致使畜禽粪便污染水源和土壤，造成环境污染；另一方面，大量使用添加剂和兽药，使药物在畜产品中残留增加，降低了畜产品品质。此外，环境应激导致动物行为异常，发病率增加，使产品品质和生产效率降低。

现代生态畜牧业就是按照生态学和经济学的原理，运用系统工程的方法，吸收现代畜牧科学技术的成就和传统畜牧业的精华，根据当地自然资源和社会资源状况，科学地将动物、植物和微生物种群组织起来，形成一种生产体系，进行无污染、无废弃物的生产，以实现生态效益、社会效益和经济效益的协调发展。

2. 现代生态畜牧业的特点

（1）注重现代畜牧科学技术的应用　在畜牧业生产过程中，不仅依靠生产者的经验，而且充分运用动物育种技术、配合饲料生产技术、畜禽环境控制技术和动物疾病防治技术提高生产效率。

（2）强调系统投入　现代生态畜牧业不但注重系统内物质和能量的充分利用，而且强调必要的能量和物质投入。例如，利用电能、机械能为家畜创造适宜的生产环境，在饲料生产中使用添加剂以提高生产效率。这样，解除了畜牧生产的限制因素，提高了生产效率。

（3）注重生态效益、社会效益和经济效益的协调发展　工厂化畜牧业和传统畜牧业强调经济效益，现代生态畜牧业不但注重经济效益，而且强调社会效益和生态效益，即生态畜牧业产业化经营不但要向社会提供符合社会需求的畜产品，具有良好的经济效益，而且生产方式要有利于环境状况的改善，具有良好的生态效益。

（4）强调发挥畜牧业生态系统整体功能　通过畜牧业生态规划、畜牧业生态技术和畜牧业生产常规技术的综合运用，以充分发挥农作物、饲料、牧草和家畜的作用，强化饲料饲草生产、家畜饲养管理、家畜繁育、畜牧场废弃物无害化处理和畜产品流通等环节的联结，以实现畜牧业生态经济系统的协调发展。

（5）为社会提供大量的绿色畜产品　生态畜牧业通过协调动物与环境的关系和预防免疫提高畜禽的健康水平以减少兽药的大量使用，通过为畜禽提供多样化的饲料以减少添加剂的大量使用，通过健康养殖以减少争斗和应激等措施提高畜产品质量，为社会提供大量的无农药（兽药）、添加剂和激素残留的绿色食品。

（6）生态畜牧业是一个生产体系　生态畜牧业以动物养殖和动物性产品加工为中心，同时因地制宜配置种植业、林业和粪便废水处理系统，形成一个优质高产无污染的畜牧业生产体系。

3. 生态畜牧业与产业化经营

生态畜牧业产业化经营是畜牧业发展的必然趋势，是生态畜牧业生产的一种组织和经营形式。传统的畜牧业是农户进行农业生产的补充，属于副业范畴。工厂化畜牧业和现代生态畜牧业则将畜牧业作为国民经济发展的一种主导产业。在经济发达的国家和地区，畜牧业在农业生产中所占的比重越大，畜牧业作为一种产业的趋势越明显。例如，美国畜牧业产值可占农业总产值的70%。我国山东、广东等经济发达地区畜牧业产值也占农业总产值的50%以上。随着国民经济的发展和人类对畜产品需求的增加，畜牧业作为一种产业的趋势会更加明显。因此，现代生态畜牧业已不是传统意义的农牧结合型的副业畜牧业，而是畜牧业产业化经营的一种有效方式。

生态畜牧业产业化经营是生态畜牧业自身发展的必然需求。现代生态畜牧业与传统畜牧业的最大区别之一就是生态畜牧业是一种开放性的商品生产，传统畜牧业是一种封闭的自给性生产。商品化畜牧业生产主要包括饲料饲草的生产、动物新品种的繁育、动物的健康养殖、动物环境控制和改善、动物疫病防治、畜产品加工、畜产品营销与流通等环节。畜牧科技的进步、畜产品市场的激烈竞争和经济利益的综合作用是使畜牧业各个生产环节的专业化和社会化程度不断增加，而这些环节的专业化和社会化程度不断增加，一方面推动了畜牧业生产的发展，另一方面使畜牧业生产的各个环节的联系更加紧密。这就必然要求生产者和经营者以畜产品市场需求为导向，以畜产品加工和营销为龙头，科学合理地确立生产要素的联结方式和效益分配原则，充分发挥畜牧业生产要素专业化和社会化的优势，实现生态畜牧业的产业化经营。

4. 进行生态畜牧业产业化经营的意义

(1) 有利于保护环境和改善生态环境　在大中城市，集约化畜牧业生产规模的日益扩大和集中，人为割裂了畜牧业和种植业的天然联系，导致畜牧场废水粪便大量产生而无法返还农田。例如1000头奶牛场日产粪尿50t，1000头肉牛场日产粪尿20t，1000头肥猪场日产粪尿4t，10 000只蛋鸡场日产粪尿2t。发展生态畜牧业，采用工程方法对鸡粪进行干燥处理，可将鸡粪转化为猪、牛和羊饲料，或者为花卉栽培提供肥料。牛场和猪场粪便废水经过生物处理后，可为鱼虾养殖提供饵料。在农区，发展农牧结合型生态畜牧业，一方面通过秸秆过腹还田为农业生产提供肥料，避免了大量使用化肥造成的土壤板结、水体富营养化等弊端，另一方面避免了秸秆燃烧对环境造成的污染。在山区或牧区，发展草地生态畜牧业，可避免"超载过牧"造成的草地退化，有利于保持水土和防止土地沙化。

(2) 有利于充分利用资源　生态畜牧业充分运用生态系统的生态位原理、食物链原理和生物共生原理，强调生态系统营养物质多级利用、循环再生，提高了资源的利用率。例如，在农作物生物产量中，人类能直接利用的仅占20%～30%，只有发展生态畜牧业，才可将人类不可直接利用的植物性产品转化畜产品。再如，干燥鸡粪含有27.5%的粗蛋白，13.5%的粗纤维，30.76%的无氮浸出物，通过对鸡粪进行处理，将其作为猪、牛和羊的饲料，可充分利用这些营养物质。

（3）有利于提高产品质量　生态畜牧业充分利用生物共生和生物抗生的关系，强调动物健康养殖，尽可能利用生物制品预防动物疾病，减少饲料添加剂和兽药的使用，给动物提供无污染无公害的绿色饲料，所生产的产品为有机绿色畜产品，这种畜产品具有无污染物残留、无药物和激素残留的特性，是一种纯天然、高品位、高质量的健康食品。

（4）有利于提高畜牧业生产的经济效益　生态畜牧业生产的畜产品为有机绿色产品，符合国际国内市场的需求，深受消费者青睐，其价格一般高于同类产品；生态畜牧业采用营养物质多级循环利用技术，将前一生产环节的废弃物作为下一生产环节的原料，降低了生产系统的投入，提高了系统有效产品的产量，因而，提高了畜牧业生产的经济效益。

（5）有利于扩大就业门路　生态畜牧业生产环节多，既包括饲料生产、动物繁育、动物养殖、畜产品加工、畜产品流通与销售等主流环节，又包含废弃物转化和利用的相关的种植业和养殖业；既是劳动密集型产业，又是技术型密集型产业。发展现代生态畜牧业，需要大量的各种类型的劳动者。因此，建设生态畜牧业，有利于扩大就业门路，为更多的劳动者发挥才智创造条件。

二、生态畜牧业产业化生产体系的组成

1. 饲草饲料生产与加工

畜牧业生产的实质是人类通过畜禽把牧草饲料转化为畜产品的过程。饲草饲料是生态畜牧业发展的物质基础。饲料生产与加工技术主要包括三方面的内容：一是饲料作物和牧草的栽培技术；二是饲料、牧草和农作物秸秆的加工与利用技术；三是非常规饲料资源开发与利用技术。

（1）饲料牧草生产技术　在生态畜牧生产中，主要栽培的饲用植物有豆科牧草、禾本科牧草、禾谷类饲料作物、豆科类饲料作物、块根块茎类饲料作物、叶菜类饲料作物和水生饲料作物。饲料牧草生产的关键技术包括以下几方面。

① 建立饲料作物和牧草良种引进、培育和繁育体系　引进、培育、纯繁优质高产抗逆性强的牧草饲料作物种子，是提高饲料牧草产量的重要措施。建立饲料作物和牧草种子繁育基地，是实现饲料作物和牧草种子良种化的前提条件。在饲料牧草种子繁育体系建设过程中，应重点抓好原种生产、原种繁育、种子贮藏和种子销售与种子质量检测和监管体系，坚决打击生产销售假冒种子，杜绝假冒种子进入流通领域。

② 合理区划、布局饲料作物和牧草种植　在特定地区或特定部门栽培的饲料作物和牧草应当是适应当地气候条件和生态条件，牧草或饲料作物的产品满足畜牧业生产的需求，产草量高、草的品质好、经济效益高。应注意避免盲目追求产草量而忽视草的品质、忽视牧草栽培所需的气候条件和土壤条件。例如，紫花苜蓿、红豆草、紫云英、小

冠花、沙打旺、黄芪、毛苕子等豆科牧草和羊草、披碱草、冰草、苇状羊茅、无芒雀麦等适宜在干旱地区种植，三叶草、百脉根、黑麦草、苏丹草、鸭茅等适宜在水肥条件好的地区种植。玉米、胡萝卜、南瓜、西葫芦、苦荬菜、聚合草、串叶松香草、紫粒苋适宜在水肥条件好的地区种植。高粱、大麦、大豆、蚕豆等饲料作物，可在干旱地区种植。

③ 科学播种 播种前，应用机械法去除种子外壳或芒，以利于种子发芽，应用促生长剂、灭虫剂、微肥等对种子进行包衣处理，以提高种子生活力、抗病虫害力和发芽率。发芽期要求温度低，苗期耐寒的饲料作物，如苦荬菜、紫花苜蓿等应在早春播种，幼苗不耐寒的饲料作物如玉米、高粱、大豆、苏丹草等应在晚春和夏季播种。在建立人工草地时，利用不同种类生物生态位互补原理，将豆科牧草和禾本科牧草混播，可提高牧草产量。混播牧草饲喂牛羊，可提高牛羊日增重和产肉量。

④ 灌溉 禾本科牧草在拔节和抽穗期，豆科牧草在现蕾开花期生长速度快，对水需求量大，此时灌溉，可提高牧草产量。多次刈割的牧草，在每次刈割后灌溉，可促进牧草生长，提高牧草产量。

⑤ 施肥 禾本科牧草和饲料作物对氮肥需求量较大，豆科牧草和饲料作物对磷肥需求量大，玉米在拔节期对氮肥需求量大，青饲料作物对氮肥和磷肥需求量大，以收获籽实为主的饲料作物对磷、钾需求量大，也应配合适量氮肥。以收获块根块茎类饲料作物为主时，应注意磷肥和钾肥的施用。畜禽粪尿、人粪尿以及磷肥等迟效肥应作为基肥使用，氮肥既可作为底肥，也可作追肥使用。

⑥ 清除杂草及防治病虫害 病虫害侵袭牧草和饲料作物，导致牧草和饲料作物减产甚至绝收。杂草与饲料作物和牧草争肥、争水、争阳光和争空气，杂草的存在可传播病虫害、混杂牧草种子。病虫害和杂草的清除方法是通过检疫杜绝草种混杂，病虫害流行，施用腐熟厩肥，杀灭病虫害和杂草种子，减少人工草地杂草和病虫害的发生；进行合理密植、轮作倒茬，清除杂草、采用机械方法或化学方法人工除草，可提高饲料作物的产量。利用病虫害天敌消灭病虫害，合理使用农药，杀灭病虫害。

（2）粗饲料加工技术 粗饲料是指含水量在 45％ 以下，干物质中粗纤维含量在 18％ 以上的饲料。粗饲料体积大，难消化，可利用养分少，一般可作为牛、羊、马、兔等草食动物的基础日粮。粗饲料加工的主要技术有以下几种。

① 脱水 脱水主要是对青草或饲料作物进行处理以获得青干草。青干草是指青绿饲料或牧草经过日晒或人工干燥除去大量水分所形成的产物。青干草是高产草食动物的基本饲料。调制青干草的方法有日晒和人工干燥两类。日晒调制青干草的关键技术是：将割下的青草薄铺在地面、曝晒、勤翻动，使牧草水分迅速降至 30％～40％，然后，将其堆成松散小堆或移至通风良好的棚下阴干。国外采用 500～1000℃ 的热空气使牧草脱水 6～10s，可调制获得含水量为 5％～10％ 的青干草。

② 机械处理 将农作物秸秆切短，便于动物采食。牛草可切短为 3～4cm，羊草可切短为 1.5～2.5cm，马草可切短为 2～3cm。饲喂鸡、猪的青干草，必须制作为草粉。

将粉碎的草粉与其他辅料混合制成颗粒料或块状料，可减少浪费，提高饲料能量和物质转化率。成年牛颗粒料直径为 9.5～16mm，犊牛颗粒料直径为 4～6mm。

③ 化学处理　用氨水、尿素、石灰水或氢氧化钠溶液处理秸秆，破坏植物细胞壁木质素和粗纤维结构，提高粗饲料利用率。

a. 氨化秸秆的做法是：将农作物秸秆切短，填入干燥的容器内，100kg 秸秆拌入 12kg 25％的氨水，密封，经过 7～10d，即可使用。使用前，应将氨化秸秆平摊在通风处，待氨味消失后即可使用。

b. 用尿素处理农作物秸秆的技术要点是：将农作物秸秆切短，填入干燥的容器内，100kg 秸秆拌入 60kg 5％的尿素水溶液，密封，经过 7～10d，即可使用。

c. 用氢氧化钠水溶液处理农作物秸秆的技术要点是：将农作物秸秆切短，填入干燥的容器内，100kg 秸秆拌入 30kg 1.5％的氢氧化钠溶液，密封，经过 7～10d，即可使用。

④ 微生物处理　将秸秆粉碎，拌入 10％麦麸，用 1％盐水浸泡，拌入微生物制剂，如乳酸菌、酵母菌以及其他活性微生物，装入容器中，密封数日，即可使用。

（3）青贮饲料加工技术　青贮饲料是将新鲜的青饲料切短装在密闭的容器内，经过微生物发酵作用，制成具有特殊芳香气味，营养丰富的多汁饲料。青贮饲料基本保持了青饲料的养分特性，养分损失少，适口性好，耐贮藏，许多具有不良气味的植物如菊科植物及马铃薯茎叶经过青贮，可消灭异味，提高家畜采食量。青贮饲料加工及使用技术要点如下。

① 原料的选择　用于青贮的原料种类繁多，禾本科牧草、豆科牧草及块根茎类饲料均可用以调制青贮饲料。一般来说，含糖量高的禾本科饲料作物适宜于青贮。豆科牧草含糖量低，单独青贮难以成功，需和含糖量高的玉米秸、高粱秸秆以及其他青绿饲料混合青贮。青贮原料含水量应为 65％～75％，含水量过高或过低，均不利于青贮。

② 切碎　将原料切碎混匀，并拌入添加剂。

③ 装料　将切碎的原料逐层填入容器中，每装 30cm 踏实压紧 1 次，不留空隙。当原料填装到高于窖平面 60 cm 以上，停止装料。

④ 密封　在压实的原料上覆 1 层塑料布或软草，然后覆盖土层或草泥 30～50cm，拍紧抹严。在 3～5d 内，每天检查青贮容器是否有裂缝透气。若发现裂缝透气，需立即修补密封。

⑤ 青贮饲料的使用技术　在装料 45～60d 以后，就可启用青贮饲料。启用时，从青贮窖一侧，沿窖壁启 50～80cm 宽的一条缝，一直启用到窖底形成一剖面，以后按每天用量在剖面上切 1 层，切下之后的新鲜剖面用塑料覆盖。

（4）配合饲料生产技术　在饲养实践中，通常是根据畜禽饲养标准所确定的各种营养物质的需要数量；选用适当的饲料，为各种不同生理状态与生产水平的畜禽配合日粮。日粮是指一昼夜内一头家畜所采食的各种饲料。日粮中营养物质的种类、数量及其相互比例，若能充分满足畜禽的营养需要，则称为全价日粮。配合日粮实际上是为相同生产目的的大群畜禽配制大批的混合饲料，然后按日分次饲喂或任其自由采食。这种按日粮中各种饲料所占比例配得的大量混合料，称为"饲粮"。

配合日粮时，应参照使用我国有关部门颁布的主要畜禽的饲养标准，若无我国制订的畜禽饲养标准，则可以暂用其他国家的标准，并根据畜禽生长发育状况进行修正。配合饲料原料应多样化，适口性好；应根据畜禽消化生理特点，选用适宜的饲料，控制日粮粗纤维含量。如对牛、羊等反刍家畜，可多利用含粗纤维的粗饲料，猪、禽等单胃家畜，则不宜多喂粗饲料。日粮的体积要和畜禽消化道的容积相适应，日粮体积过大，饲料吃不完，降低各种营养物质的摄入量。日粮体积太小，家畜有饥饿感觉，引起不安。每日 100kg 体重的干物质供给量是：奶牛 2.5～3.5kg，役牛 2.0～3.0kg，役马 1.8～3.0kg，绵羊 2.0～3.0kg。

配合饲料的优点是能提高生产性能，缩短商品畜禽饲养周期；节约粮食，合理利用饲料资源；使用方便，节省设备和人力；饲用安全，有利于畜禽健康。配合饲料工厂设有预混搅拌装置，可以基本保证微量成分（如维生素、微量元素、抗生素等）混合均匀，因而，可以避免因混合不均匀而引起缺乏症或中毒等现象。

全价配合饲料是指能满足畜禽所需要的全部营养物质的配合饲料。这类配合饲料主要适用于集约封闭式饲养鸡、猪等使用。浓缩饲料是由蛋白质饲料、矿物质饲料和添加剂预混料，按一定比例配制成的均匀的混合料。供猪、鸡使用的浓缩饲料含粗蛋白质 30％以上，矿物质和维生素的含量也高于猪、鸡需要量的 2 倍以上，必须添加能量饲料才可用于动物养殖。生产浓缩饲料，不仅可以减少能量饲料运输及包装方面的耗费，且可弥补用户非能量养分的短缺，使用方便。添加剂预混料，又称添加剂预配料或预混料，是由多种营养物质添加（如氨基酸、维生素、微量元素）和非营养物质添加剂（如抗生素、激素、抗氧化剂等）与某种载体或稀释剂，按配方要求比例均匀配制的混合料。它是一种半成品，可供饲料加工厂生产全价配合饲料或蛋白质补充料使用，也可供饲养户使用。在配合饲料中，预混料添加量为 0.5％～3％。添加剂预混料作用很大，具有补充营养，促进畜禽生长、繁殖，防治疾病、保护饲料品质，改善畜产品品质等作用。精料补充料又称精料混合料，主要是由能量饲料、蛋白质饲料和矿物质饲料组成，用于饲喂牛、羊等反刍家畜，以补充粗料和多汁料中不足的营养部分。初级配合饲料通常是由两种以上单一饲料，经加工粉碎，按一定比例混合在一起的饲料。其配合比例只考虑能量、粗蛋白质、钙、磷等几项主要营养指标，所以营养不全，质量差。但是，与单一饲料或随意配合的饲料比较，其饲喂效果要好得多。

2. 动物优良品种选育与繁殖

（1）选种　从动物群体中选出符合育种目标的优良个体留作种用，同时淘汰不良个体的过程，就是选种。选种的目的在于增加群体中的优良基因，减少不良基因，从而定向改变群体的遗传结构，在原有群体基础上创造出新的类型。选种时，既要选好种公畜，也要重视选好母畜。种公畜的需要量比母畜少，但对群体的影响很大。

（2）选配　选配就是有计划地选配种公畜和母畜，使它们产生优良的后代。通过选配可以有目的地组合后代的遗传基础，培育出品质优良的畜群。选配的方法有两种。

① 同质选配 根据亲本双方外形特征组织选配，是指选用品质相同或相似的异性个体进行交配，其目的在于获得与双亲品质相同或相似的后代，使后代群体中具有某些优良性状的个体数量不断增加。在进行同质选配时应注意，选配双方应有共同的优点，没有共同的缺点；尽量用最好的公畜配最好的母畜，或者用最好的公畜配一般的母畜，不要用一般的公畜配一般的母畜。

② 异质选配 指选用不同品质的公畜和母畜交配，其目的是选用具有不同优良性状的个体交配。通过基因重新组合，结合双亲的优点，提高后代的品质。

(3) 近交 近交是指 5 代以内，双方具有共同祖先的公母畜之间的交配。在畜禽中，近交程度最大的是父女、母子和全同胞之间的交配，其次是半同胞、祖孙、叔侄、姑侄、堂兄妹、表兄妹之间的交配。

(4) 杂交 杂交是指不同种群（物种、品种、品系）的公母畜之间的交配称为杂交。杂交的方法有以下 5 种。

① 简单杂交 简单杂交是指选用能够产生最大杂种优势的两个品种或品系，直接进行品种或品系之间的二元杂交，所产生的杂种一代无论公畜和母畜，全部用于商品生产。对于特定地区，开展二元杂交时，应以当地最多的品种或品系作为母本，以经过试验引进的品种或品系作为父本。

② 三元杂交 选用能够产生最大杂种优势的三个品种，先用其中两个品种进行第一次杂交，选用杂种一代母畜同第三个品种进行第二次杂交，最后利用三元杂种生产畜产品。目的是利用杂种后代及母畜的杂种优势。三元杂交比二元杂交复杂，需要保持三个品种，并要有杂种一代母畜群，但三元杂交的效果比二元杂交好。

③ 导入杂交 在一个品种或种群基本上符合发展要求但存在某些缺陷时，选择一个与该品种相同但能改进这些缺陷的品种与该品种进行杂交，目的是改良某些缺陷，并不是改变它的特性。

④ 级进杂交 两个品种杂交得到的杂种连续与其中一个品种再进行交配，直至被改良的品种得到根本改造，最后得到的畜群基本上与一个品种相同，但也吸收了另一个品种的个别优点。这种杂交方式称为级进杂交。经验证明，用细毛羊改良粗毛羊，肉用牛改良役用牛，一般杂交到 3～4 代就可以了；猪的级进杂交以 2～3 代为宜。代数过多，杂种体质下降。

⑤ 双杂交 用四个品种先两两分别进行简单杂交，产生二元单交种，然后再利用这两个二元单交种进行杂交，产生四元双交种，无论公母都进行商品生产，目的是利用杂种后代母本和父本的杂种优势。

(5) 人工授精 借助器械将经过稀释或冷冻的公畜精液注入发情母畜的生殖道内，以代替家畜自然交配的技术，称为人工授精。人工授精的优点是：加速了品种改良的速度，扩大了最优秀的公畜配种能力和配种范围，使良种遗传基因的影响显著扩大，在母畜数量一定条件下，减少了用于配种的种公畜数量，降低了种公畜的饲养费用；家畜的冷冻精液经过检疫后，还可以进行国际间交流和贸易。由于公畜、母畜不接触，人工授精又有严格的技术操作规程，可以防止生殖道疾病的传播和流行。

冷冻精液是在超低温环境下将精液冻结成固态，以长期保持精子的受精能力。使用冷冻精液可以不受地域、时间的限制，大幅度减少了饲养公畜数，提高了优秀种公畜的利用率，促进了品种改良。目前广泛应用的剂型有细管型、颗粒型和安瓿剂三种。以细管型为主。

输精是将解冻的精液输入发情母畜的生殖道。输精的时间应比使用新鲜精液适当推迟一些，间隔时间也应该短一些。要求将每头份的精液全部输到子宫内或子宫颈口以前的部位，以保证有较高的受胎率。

（6）发情控制 发情控制就是通过人为的方法改变母畜的发情周期，包括同期发情和诱导发情。同期发情是指用激素处理母畜，使一群母畜能够在一个短时间内集中发情，并能排出正常的卵细胞，以便达到同期配种、受精、妊娠、产仔的目的。同期发情技术主要是采用孕激素（孕酮、甲孕酮、氟孕酮、氯地孕酮及甲地孕酮等）、前列腺素、促性腺激素［孕马血清促性腺激素（PMSG）、绒毛膜促性腺激素（HCG）、黄体生成素（LH）］等激素类药物，对母畜进行处理，使一群母畜在较短时间内集中发情，采用同期发情技术可以充分利用冷冻精液，便于进行规模化、规范化和科学化的畜牧生产，同时也为胚胎移植创造条件。诱发发情是指对乏情期母畜注射外源性激素如促性腺激素、前列腺素、某些生理活性物质如初乳，通过内分泌和神经作用，激发卵巢活动，使卵泡生长发育、成熟和排卵。诱发发情可以调整产仔季节，使奶畜一年内均衡生产，使肉畜按计划出栏；诱发发情技术还可以使母畜在全年任何季节发情，增加母畜妊娠胎次，增加泌乳期和产仔数。

（7）超数排卵 超数排卵是指应用外源性激素诱发卵巢多个卵泡发育，并排出具有受精能力的多个卵子，目的是诱导母畜一次生产多个胚胎，为胚胎移植奠定基础。超数排卵处理的时期应选择在发情周期的后期，即黄体消退时期。为获得良好的超排效果，必须在注射促性腺激素的同时，使卵巢上的黄体在一定时间内退化。如果在发情周期的中期进行超排处理，需要在施用促性腺激素后 $48 \sim 72h$ 配合注射前列腺素，促使黄体消退。

（8）胚胎移植 胚胎移植是指将良种母畜配种后的早期胚胎取出，移植到同种的生理状态相同的母畜体内，使之继续发育成为新个体，也称作借腹怀胎。提供胚胎的个体为供体，接受胚胎的个体为受体。胚胎移植实际上是产生胚胎的供体和养育胚胎的受体分工合作共同繁殖后代的过程。胚胎移植产生的后代，遗传物质来自供体母畜和与之交配的公畜，而发育所需的营养物质则从养母（受体）获得，因此供体决定着它的遗传特性（基因型），受体只影响它的体质发育，胚胎移植可以代替活畜引进。

（9）胚胎工厂化生产 胚胎工厂化生产也称为体外受精，是指运用活体采卵技术或从死亡母畜卵巢中采集卵母细胞，在体外培养卵母细胞至成熟，并使其在体外与精子结合，形成受精卵，发育至桑葚胚或囊胚的过程。

3. 科学化规范化的畜禽饲养管理

制订科学规范化的饲养管理制度，是减少不利因素对动物生产性能影响，提高畜牧业生产效益的重要措施。科学规范化的饲养管理措施应当充分考虑动物的生物学特性，动物行为特点，气候条件，生产所需的饲喂设备以及动物的年龄、性别特点。饲养管理制度确定以后，应保持相对的稳定，以便于生产者和畜禽适应。

（1）家畜饲养管理一般原则

① 合理分群　将品种、体重、年龄、性别和体质相似的家畜编为一群，可减少争斗现象。

② 确定合理饲养密度　饲养密度过小，浪费畜舍及设备。饲养密度过大，造成局部环境恶化，应激加剧，生产力下降。

③ 提供充足饲料和饮水，确保家畜生产、生长发育和繁殖的营养需要。

④ 适时去势　对于无种用价值的家畜，应及早去势，一方面便于饲养管理。另一方面有利于提高生产性能和畜产品品质。

⑤ 创造适宜的环境　光照、温度、湿度等环境因子应符合家畜生产的需求，畜舍和畜牧场环境应清洁，无有毒有害物质存在。

（2）幼畜哺乳期的管理

① 固定乳头，早食初乳　对于哺乳类动物，初乳富含蛋白质、矿物质、维生素和免疫抗体，及早哺乳，早食初乳，可提高幼畜的抗病力。

② 加强保温，防冻防压　幼畜产热量少，不耐寒，应做好幼畜的保暖工作。应防止母畜压伤仔畜。

③ 提早补料　幼畜在断乳前，应喂开食料。应在反刍家畜哺乳期，为幼畜提供优质青干草，以促进反刍家畜瘤胃的发育。

④ 提供易消化营养丰富的优质饲料　幼畜消化机能不完善，提供优质易消化饲料，可避免消化不良等现象的发生。

⑤ 保持环境清洁卫生，不喂发霉变质饲料，减少疾病发生。

⑥ 勤喂多添，适时断乳。

（3）断乳幼畜的管理

① 适时断乳　哺乳日龄不可过长，也不可过短。仔猪断乳日龄应为30日龄左右，犊牛断乳日龄为30~40d。羊羔断乳日龄为40d左右。断乳时，可采取逐渐断乳法。

② 幼畜留原舍，母畜离开培育舍，减少幼畜的应激。

③ 饲料和饲养管理制度应逐渐从哺乳期向青年期变化，不可突然改变饲料和管理制度。

④ 合理组群　应将性别一致、年龄和体重相差不大的幼畜编为一群，以减少争斗和便于饲养管理。

（4）青年家畜的管理

① 提供优质饲料，营养物质供给应满足需求，但不可过剩，以免影响性腺发育。

② 达到性成熟年龄的家畜，公母应分开饲养，以免发生早配，影响种公畜和母畜的繁殖机能。

③ 应加强运动，增强青年家畜的体质。

（5）繁殖家畜的管理 配种前，应加强种畜营养，母畜配种后，也应加强营养。在配种期，应给公畜提供充足的蛋白质和维生素。在母畜妊娠后期，应提高日粮营养水平，以确保胎儿的正常发育。在母畜妊娠期，应提供充足饮水，确保饲料无霉变。在妊娠期，应保持环境适宜，避免应激引起母畜流产。

4. 畜牧生产环境控制与环境保护

（1）选好场址

畜牧场场址的选择，要有周密的考虑，统筹的安排和比较长远的规划，具体要求如下。

① 畜牧场场地势应高燥，不宜选择低洼潮湿场地，但也不宜选高山山顶。

② 畜牧场应背风向阳，场地的坡度以 2～5 度为宜。

③ 畜牧场地要开阔整齐，不宜选择过于狭长和边角多的场地。

④ 畜牧场应位于居民区的下风向或平行风向，但不应位于化工厂、电厂等下风向，以免工业生产排放的废气对畜牧场环境造成污染。

⑤ 畜牧场应有充足的水源，且水源水质良好，符合饮用水的卫生学要求。

⑥ 畜牧场应与城镇保持适当的距离，不可过近，也不可过远，一般以 1～5km 为宜。

⑦ 畜牧场供电条件良好，交通方便，与主要交通干线保持 300m 以外的距离。

⑧ 畜牧场周围地区应有农田，这样，既有消化畜牧场废弃物的条件，又可为动物提供充足的粗饲料。

（2）科学规划，合理布局 大型畜牧场分生产区（畜舍、饲料贮存、加工、调制的场地和建筑）、管理区（与经营管理有关的建筑物，畜产品加工贮存的建筑物以及职工生活区）和病畜管理区（兽医室、隔离舍、死畜处理场、粪尿贮存加工厂）。场区规划的一般原则如下。

① 管理区位于上风向处，病畜管理区位于下风向处，生产区位于管理区和病畜管理区之间。

② 要按畜牧场生产工艺的要求，合理布局建筑物的位置。如犊牛舍、青年牛舍、成年母牛舍应依次排列，相对集中，便于生产和管理。

③ 大型畜牧场畜舍应坐北朝南，呈双列式排列，两列畜舍中间和两侧各有道路相连，若中间道为清洁道（污道），两侧道则应为污道（清洁道）。

④ 畜牧场应距居民区 200m 以上，畜舍之间应保持 10m 以上的距离。

（3）确定科学的生产工艺 畜牧生产各个环节如配合饲料生产、繁殖家畜舍、产房、幼畜培育舍、育成舍、肥育舍应密切联系，确保生产顺利实施。

肉牛、肉羊和肉猪应划阶段分群管理，肉牛一般分三个阶段分群饲养，第一阶段为

6月龄以前的犊牛，第二阶段为7～8月龄的育成牛，第三个阶段为18月龄以后的青年牛和成年牛。肉猪在体重为20～40kg为第一阶段，40～70kg为第二阶段，70～100kg为第三阶段。应根据家畜个体生长阶段特点，确定饲养管理方法。

（4）畜舍设计与管理

① 选择适宜的畜舍形式　在炎热地区，应选用开敞式牛舍，在屋顶下部可设置贮存干草的草棚，既有利于利用空间，又起到了隔热的作用。亚热带地区，宜选用半开放式畜舍。寒冷地区，宜采用有窗封闭式畜舍，这种畜舍需要采用保温屋顶和保温体。在我国北方草原地区，冬季可用编织袋（塑料膜）和棚布搭建临时性的暖棚，以防风雪，减轻严寒对家畜生产的不良影响。

② 选择适宜的外围护结构　在以防寒为主的地区，畜舍高度不宜过大，以减少外面积和屋顶面积，减少散热。畜舍地面应隔热保温，不硬不滑，易于清扫。畜舍门在满足通风照明和生产要求的前提下，应尽量减少。

③ 畜舍的照明设计　畜舍照明时间依不同畜禽、不同生长阶段或不同生理时期参照有关标准而定。

④ 畜舍的通风　根据气候变化，通过开启或关闭门窗，可组织自然通风。也可安装风机，进行正压通风或负压通风，对气流进行冷却或加热处理后，使其沿一定管道通过气孔流向畜体，以达到降温或保暖的目的。

（5）畜牧场和畜舍环境的管理

① 严格执行消毒制度，消灭病原体。

② 及时清除畜舍内的粪尿污水，减少有害气体的产生。勤换垫草垫料，尽量减少有害气体及寒冷对家畜的不良影响。

③ 根据气候变化的情况，合理组织通风，冬季封闭门窗，减少冷风侵入；夏季增加通风量，以利畜体散热。在炎热干燥地区，向畜体喷水降温，以增加畜体散热。

④ 冬季饮温水，夏季饮冷水。

5. 动物福利与动物保健

生态畜牧业既关注动物种群的保护，更重视集约化、工厂化畜牧业生产中动物个体的保护。保护动物个体的实质，就是为动物创造符合其生物学特性的生存空间和环境，给动物带来康乐即动物福利。动物个体保护的另一层含义就是保护动物免受疾病折磨，避免对动物实施残忍的行为，改善处置动物的方式，减少动物的应激和紧张，即为动物保健。动物福利与动物保销既是保护动物的需要，也是进行优质畜产品生产的需要。疾病流行会导致动物大量死亡，使动物生产难以顺利进行。生存环境恶劣，会引起动物应激，如运输应激、管理应激、屠宰应激，导致畜产品品质下降，出现白肌肉（PSE肉）和黑干肉（DFD肉）；环境恶劣，还会导致动物行为异常，争斗剧烈，种畜不育或不孕。因此，对动物进行保护，有利于提高畜牧业生产水平和畜牧业生产效益。在畜牧业生产中，有利于动物福利和动物保健的技术措施如下。

① 为动物创造适宜的环境，减少热、冷、光等环境因子剧烈变化引起的应激。

②　提高集约化畜牧业生产的管理水平，力求生产工艺规范化、管理程序化、操作准确化，避免管理不当对动物的损害。

③　改进生产工艺设备，工艺设备不仅要便于劳动生产力的提高，也应符合动物的生物学特性及行为特点，既要满足动物维持生命和健康的需要，也要满足动物舒适的需要。如改笼养为厚垫草网上平养，并设置产蛋箱。

④　采用散养，为动物提供广阔的活动空间和采食机会。

⑤　改进运输和屠宰工具和方式，减少动物痛苦。

⑥　群体密度适宜，饲喂优质全价饲料，严防农药等有毒有害物质进入饲料。

⑦　严格检疫，防止病畜出入扩散病原。

⑧　预防接种，进行主动免疫，提高动物对流行病的抵抗力。

⑨　对畜牧场畜禽粪便进行无害化处理，对畜牧场、畜舍和设备定期消毒，铲除病原形成和扩散的环境。

⑩　合理使用保健剂：动物保健剂应符合国家标准要求，具有效果好、毒副作用小、无耐药性、无残留等特点。

6. 畜产品加工

畜产品加工是指运用物理、化学、微生物学的原理和方法对动物产品及其副产品进行加工处理以提高其利用价值的过程。畜产品加工是畜牧业产业化必不可少的重要环节。畜牧业生产的目的是为人类提供肉、乳、蛋、皮、毛等产品。动物养殖仅是畜产品生产的一个环节，其产物一般不能直接为人类利用，即使直接利用，也会对人类健康构成危害。因此，畜产品在利用前必须进行加工。此外，畜产品含水量大，蛋白质和脂肪含量多，若不加工，难以保存和进入市场流通领域。因此，必须对动物产品进行加工以提高其经济价值。实践证明，单纯发展动物养殖而忽视畜产品加工，往往会导致卖肉难、卖蛋难、卖乳难等现象发生，使畜牧业社会化大生产难以进行。畜产品加工的主要方法如下。

（1）加热法　对畜产品进行加热以杀灭畜产品中的微生物。加热处理后的畜产品，应密封，并在真空中保存。这样，可避免外界微生物的再污染。

（2）干燥法　除去畜产品中的大部分水分，破坏微生物生存条件，并使微生物脱水乳粉含水量应在2%以下，肉松、肉脯含水量应在17%以下。

（3）高渗保存法　用糖或盐处理肉、蛋、乳等产品，使畜产品和微生物脱水，抑制微生物的活动。

（4）发酵法　利用微生物发酵产生乳酸、丙酮酸和酒精等以保存食物，如酸牛乳、酸马乳、牛奶酒、马奶酒。

（5）烟熏法　利用木材、果壳等不完全燃烧产生的木乙酸、丙酮、甲醇、醛等作防腐剂，通过它们渗入畜产品中，抑制微生物活动。

（6）放射线法　利用放射线如 α 射线、β 射线、γ 射线杀死畜产品中的微生物，以延长保存期。一般畜产品加工多用 γ 射线杀灭微生物。生产者和经营者可根据市场需求及资源状况，将经过初加工的产品进一步加工成为人类可直接利用的产品，如肉可加工成为腊肉、熏肉、灌肠、火腿、肉松、肉脯、肉干、板鸭、烧鸭、烤鸭、烧鸡等，乳可加工成为果乳、加糖牛乳、纯鲜乳、乳粉、奶油、干酪、冰淇淋、酸乳、奶酒、奶皮子等，蛋可加工成为皮蛋、咸蛋和冰蛋。

7. 畜产品市场与营销

畜产品加工和市场营销是畜牧业产业化的龙头，也是确保畜牧业社会化大生产顺利进行的关键，缺少这个环节，畜牧业生产无法进行。畜产品加工与营销者必须将畜牧业生产的饲料生产、动物养殖、动物遗传繁育、动物疫病防治等环节组织起来，实现一体化经营。这样，一方面可为企业生产提供质量可靠，数量充足的原材料，为优质畜产品的生产奠定物质基础；另一方面，可降低生产成本，提高企业在市场中的竞争力。畜产品的需求取决于消费需要和社会购买力。畜产品需求具有普遍性、大量性、多样性、连续性、替代性的特点。畜产品加工企业完善管理，提高产品质量，根据市场需求研究开发新产品，增加产品花色品种，是企业生存和赢得市场的最根本的因素。企业制定合理的营销策略，对产品进行精包装，对产品进行科学的定价，组建营销网络体系，加强企业形象及其产品的宣传，是赢得市场的重要措施。

生态畜牧业一体化经营有两种形式，一是畜产品加工企业以市场为导向，通过有效服务和利益吸引，有计划地把畜产品的生产同畜产品加工、销售以及生产资料的供应、技术服务和市场营销等环节联系起来，借以适应市场竞争的需要。二是畜牧生产企业与大型加工企业、商贸企业以契约、资本或土地等方式，自愿组织的经济联合体。生态畜牧业产业化经营的基础是生产各个环节相互需求，具有共同的利益以及各企业的优势互补，其核心是利益兼顾。我国人口多，土地少，畜牧业资源相对分散，"公司＋农户"的畜牧业产业化经营方式更符合实际。

三、 现代生态畜牧业的经营方式

1. 季节性生态畜牧业经营

所谓季节畜牧业，就是根据草原地区的气候特点和牧草及家畜生长发育的季节特点，在夏秋季多养畜，使之适时地利用生长旺季的牧草，而当冷季来临时，就将一部分家畜及时淘汰，或在农区异地肥育，以收获畜产品。牧草和草地贮草量生长有明显的季节性，而草地饲养的家畜对营养物质的需求则有相对的稳定性，牧草与家畜的"供求"矛盾是制约畜牧业发展的关键环节。例如，在我国草原地区，经一个冬春季后，家畜体重要下降50％～70％，在灾害年份，往往引起家畜春乏死亡，造成严重损失。发展季节性生态畜牧业，可以克服这个矛盾，提高畜牧业生产水平。进行季节性生态畜牧业经营的关键技术如下。

① 选择产仔多、生长速度快、早熟的草食家畜品种。

② 利用杂种优势，培育有高生长强度的畜种进行商品化生产。

③ 利用同期发情技术，促使繁殖母畜在配种、产仔时间上相对集中，并尽可能使

幼畜开始采食的时间与草地有青嫩牧草的供给时间相吻合。

④ 实行集约化经营，对拟收获畜产品的草食家畜，在其经济成熟前，必须始终给予精细的饲养管理和充足的营养物质。

⑤ 应配套建设适应于季节畜牧业生产的生产设施和服务设施，如屠宰、加工、冷冻、贮运、销售等设施。

2. 现代草地生态畜牧业集约经营

现代草地生态畜牧业经营则强调增加草地建设和动物养殖的投入力度，表现如下。

① 重视草地建设，通过人工播种、施肥、灌溉、围栏封育，提高草地生产力。

② 合理控制畜群规模，根据草地生产力，确定适宜的载畜量，防止超载过牧对草原的破坏。

③ 加强畜群补饲，贮存青干草，在枯草季节给家畜补饲青干草和精料，提高家畜生产水平。

④ 加强防寒设施建设，为家畜越冬提供暖棚。

⑤ 进行计划免疫和药浴，预防疾病发生。

3. 生态畜牧业集约化经营

生态畜牧业集约化经营，就是生产规模化、工厂化，在生产过程中，注意资金、技术、设备的投入，注意家畜粪便等废弃物的处理与利用，将集约化畜牧业生产与环境保护相结合，具有生产力高、生态效益好的优点。提高舍饲生态畜牧业集约经营水平的主要措施如下。

① 增加高新技术的资金投入，推动动物遗传育种学、动物营养学和动物医学的发展。大力开展生物技术利用研究，培育舍饲高密度饲养条件下，优质、高产、抗病的畜禽优良新品种；广泛推广人工授精技术；加强舍饲高密度条件下畜禽疫病预防与治疗；采用畜产品加工和保鲜技术，提高畜禽饲养和畜产品的科技含量，增加畜产品的使用价值和价值。

② 增加饲料科学的资金投入，研制能满足畜禽不同生长阶段和不同生产时期全价配合饲料的配方，生产低成本的全价配合饲料或低成本的浓缩料，大力发展添加剂预混料，建立起饲料工业体系。

③ 大机械设备的资金投入，提高舍饲畜牧业的装备水平。这种饲养方式的特点是建设环境控制型畜舍，舍内由人工控制温度、湿度、清洁度和光照等。冬季舍内增温需要热源，有的用热风，先进的用红外线辐射，夏季有专用降温设备。按照畜舍面积和畜禽需要确定照明度。畜舍装有换气设备以保持舍内空气清洁。许多工厂化奶牛场从拌料、投料、挤乳、牛舍冲洗等实现机械化和自动化。养鸡场和养猪场从喂料、供水、除粪都使用机械。家畜粪便用高效机械清扫、集中并经过化学除臭和高温处理消毒、干燥、冷却后打包运出。

④ 加大科学管理的投入，改传统的经验管理为现代科学管理。提高管理决策科学化和民主化水平，建立高效、灵活的组织管理系统。建立科学的饲养管理制度和极严格

的畜禽疾病预防制度。强化牧场各环节的分工与协作，将人的管理与计算机管理紧密结合起来，在畜群饲养管理中大力推广计算机和信息技术。

⑤ 注重畜牧场废弃物的处理与利用。现行的集约化畜牧业割裂了畜牧业与种植业的必然联系，忽视了家畜生物学需求，导致环境污染严重，畜产品质量下降。集约化生态畜牧业经营强调畜牧场废弃物综合利用，例如，在集约化畜牧业生产中，连接粪便加工为饲料和花卉肥料等环节，增加畜牧场污水净化与处理系统，增加利用粪便和污水生产沼气等环节，将集约化畜牧业生产与环境保护相结合。

4. 现代农牧结合型生态畜牧业的经营

利用种植业与畜牧业之间存在着相互依赖、互供产品、相互促进的关系，将种植业与畜牧业结合经营，走农牧并重的道路，提高农牧之间互供产品的能力，形成农牧产品营养物质循环利用，借以提高农牧产品循环利用效率，表现为农牧之间的一方增产措施可取得双方增产的效果。例如，美国依阿华州和明尼苏达州大农场一方面种植大量的玉米、大豆，另一方面饲养种猪、肉猪、肉鸡，建立饲料厂，这些厂用外购的预混料配上自产玉米、大豆为农场家畜生产全价饲料。畜牧场粪便和污水可作为农作物的肥料。这种经营方式提高了农牧生态系统物质循环利用效率，显著降低农牧业生产成本，取得了良好的经济效益和生态效益。

5. 现代绿色生态养畜经营方式

这种经营方式的特点在于使用生态饲料，采用生态方法，生产生态畜产食品，虽然畜禽饲养期较长，价格较高，但生态食品深受消费者欢迎，市场求大于供，开发潜力大。生态饲养畜禽与普通饲养的主要区别：一是要充分考虑家畜的生物学特性和行为要求，让牛、羊、猪、鸡在室外自由活动；二是要使用生态饲料，即自己生产的没有使用过化肥和农药的饲料；三是畜禽传染病以预防为主，一般不吃药，如必须用药，要三个月后才能屠宰。生态种植粮食作物的关键是：使用牛粪、猪粪、羊粪等作为农作物肥料，不使用化肥和农药。依靠豆科作物与麦类作物进行轮作使土地保持肥力和减少病虫害，轮作规律是每四年循环一次，如第一年种小麦，第二年种豌豆，第三年种燕麦，第四年种牧草。作物中的杂草主要靠人工清除。

单元二　畜禽废弃物资源化利用技术

学习目标

能够根据当地具体情况将家畜废弃物生态化、资源化利用或者无害化处理。

一、畜禽废弃物对环境的污染

随着畜禽养殖量的增加，畜禽的粪尿排泄量也不断增加。一个 400 头成年母牛的奶牛场，加上相应的犊牛和育成牛，每天排粪 $30\sim40t$，全年产粪 $1.1\times10^4\sim1.5\times10^4\,t$，如用作肥料，大约需要 $253.3\sim333.3hm^2$ 土地才能消纳；一个 1 万羽的蛋鸡场，包括相应的育成鸡在内，若以每天产粪 $0.1\times10^4\sim0.5\times10^4\,kg$ 计算，全年可产粪 $36\times10^4\sim55\times10^4\,kg$（表 5-1），如不加处理很难有相应面积的土地来消纳数量如此巨大的粪尿，尤其在畜牧业相对比较集中的城市郊区。

表 5-1　几种主要畜禽的粪尿产量（鲜量）

种类	体重	每头(只)每天排泄量/kg			平均每头(只)每年排泄量/t		
		粪量	尿量	粪尿合计	粪量	尿量	粪尿合计
泌奶牛	500～600	30～50	15～25	45～75	14.6	7.3	21.9
成年牛	400～600	20～35	10～17	30～52	10.6	4.9	15.5
育成牛	200～300	10～20	5～10	15～30	5.3	2.7	8.0
犊牛	100～200	3～7	2～5	5～12	1.8	1.3	3.1
种公猪	200～300	2.0～3.0	4.0～7.0	6.0～10.0	0.9	2.0	2.9
空怀、妊娠母猪	160～300	2.1～2.8	4.0～7.0	6.1～9.8	0.9	2.0	2.9
哺乳母猪	—	2.5～4.2	4.0～7.0	6.5～11.2	1.2	2.0	3.2
培育仔猪	30	1.1～1.6	1.0～3.0	2.1～4.6	0.5	0.7	1.2
育成猪	60	1.9～2.7	2.0～5.0	3.9～7.7	0.8	1.3	2.1
育肥猪	90	2.3～3.2	3.0～7.0	5.3～10.2	1.0	1.8	2.8
产蛋鸡	1.4～1.8	0.14～0.16			55kg 到 10 周龄 9.0kg		
肉用仔鸡	0.04～2.8	0.13					

（引自：李如治．家畜环境卫生学．中国农业出版社，2003）

畜牧场废弃物中，含有大量的有机物质，如不妥善处理会引起环境污染、造成公害，危害人及畜禽的健康。另一方面，粪尿和污水中含有大量的营养物质（表 5-2），尤其是集约化程度较高的现代化牧场，所采用的饲料含有较高的营养成分，粪便中常混有一些饲料残渣，在一定程度上是一种有用的资源。如能对畜粪进行无害化处理，充分利用粪尿中的营养素，就能化害为利，变废为宝。

表 5-2　各种畜禽粪便的主要养分含量　　　　　　　　　　单位：%

种类	水分	有机物	氮(N)	磷(P_2O_5)	钾(K_2O)
猪粪	72.4	25.0	0.45	0.19	0.60
牛粪	77.5	20.3	0.34	0.16	0.40
马粪	71.3	25.4	0.58	0.28	0.53
羊粪	64.6	31.8	0.83	0.23	0.67
鸡粪	50.5	25.5	1.63	1.54	0.85
鸭粪	56.6	26.2	1.10	1.40	0.62
鹅粪	77.1	23.4	0.55	0.50	0.95
鸽粪	51.0	30.8	1.76	1.78	1.00

（引自：李如治．家畜环境卫生学．中国农业出版社，2003）

畜产废弃物对环境污染的主要表现有以下几个方面。

1. 水体污染

粪便污染水体的方式主要表现在五个方面。

① 粪便中大量的含氮有机物和碳水化合物，经微生物作用分解产生大量的有害物质，这些有害物质进入水体，降低水质感官性状指标，使水产生异味而难以利用。若人畜饮用受粪便污染的水，将危害健康。

② 粪便中的氮、磷等植物营养物大量进入水体，促使水体中藻类等大量繁殖，其呼吸作用大量消耗水体中的溶解氧，使水中的溶解氧迅速降低，导致鱼类等水生动物和藻类等因缺氧而死亡。

③ 粪便中含有大量的微生物，包括细菌、病毒和寄生虫。这些病原会通过水体的流动，在更大范围内传播疾病。

④ 大量使用微量元素添加剂，导致粪便中镉、砷、锌、铜、钴等重金属浓度增加，这些污染物在水体中不易被微生物降解，发生各种形态之间转化、分散和富集。

⑤ 在畜牧业生产中大量使用兽药，他们随粪便进入水体，对水生生物及其产品构成危害。

2. 土壤污染

未经处理的畜禽粪便中含有的病原微生物及芽孢在农田耕作土壤中长期存活，这些病原微生物一方面会通过饲料和饮水危害动物健康，另一方面会通过蔬菜和水果等农产品，危害人类健康。

在饲料中大量使用矿物质添加剂，使畜禽粪便中的微量元素如铜、锌、砷、铁、锰、硒含量增加。长期大量施用受矿物质元素污染的畜禽粪便，会导致这些微量元素在土壤和农畜产品中富集。

3. 大气污染

畜牧场在生产过程中可向大气中排放大量的微生物（主要为细菌和病毒）、有害气体（NH_3 和 H_2S 气体）、粉尘和有机物，这些污染物会对周围地区的大气环境产生污染。如 10.8 万头的猪场，每小时向大气排放 15 亿个菌体，NH_3 15.9kg、H_2S 14.5kg、粉尘 25.9kg，污染半径可达 4.5～5.0km。一个存栏 72 万只鸡的规模化蛋鸡场，每小时向大气排放尘埃 41.4kg、菌体 1748 亿个、CO_2 2087m^3、NH_3 13.3kg、总有机物 2 148kg。畜禽粪尿在腐败分解过程中产生许多恶臭物质。新排出的粪便中含有胺类、吲哚、甲基吲哚、己醛和硫醇类物质，具有臭味。排出后的粪便在有氧状态下分解，碳水化合物产生二氧化碳和水，含氮化合物产生硝酸盐类，产生的臭气少；在厌氧环境条件下进行厌氧发酵，碳水化合物分解产生甲烷、有机酸和醇类，带有酸臭味，含氮化合物分解产生氨、硫酸、乙烯醇、大量的臭气。尿排体外后主要进行氧化分解，释放氨，形成臭味。畜牧场空气的恶臭物质，主要有 NH_3、H_2S、硫醇、吲哚、粪臭素；脂肪酸、醇、酚、醛、酯、氮杂环类物质等。

二、 畜禽粪便的资源化利用技术

畜禽粪便中含有大量的有机质和植物生长必需的营养物质，如氮、磷、钾等，同时也含有丰富的微量元素，如铁、镁、硼、铜、锌等。如果利用生物和化学手段对畜禽粪便进行无害化处理，杀灭其中的病原微生物，将重金属、氨氮等有毒的物质转化、固定后，就可实现资源化利用畜禽粪便的目的。

1. 能源化技术

能源化技术即利用畜禽粪便生产沼气，此种方式可将污水中有机物去除 80% 以上，同时回收沼气作为可利用的能源。据测定，每头奶牛粪便平均每天产生 $1m^3$ 沼气，每饲养 2900 头奶牛每年排放 4500t 粪便，通过兴建 6 座 $450m^3$ 沼气发酵池，年产生沼气 $450m^3$，可供 3000 户居民生活用气。$1m^3$ 的猪场粪水（按 COD 为 10000mg/L 计）可产沼气约 $4m^3$。一个万头猪场年产沼气约 7.3 万立方米，可发电约 110MW·h；10 万只鸡的年产粪便转化为沼气热值约等于 232t 标准煤。

在沼气生产过程中，因厌气发酵可杀灭病原微生物和寄生虫，发酵后的沼液、沼渣又是很好的肥料，因此，这是综合利用畜产废弃物、防止污染环境和开发新能源的有效措施。我国的沼气研究和推广工作发展很快，农村户用沼气技术已较普及。近年来，一些农牧场采用大中型沼气装置生产沼气，都获得较好效益。

家畜粪便的产气量因畜种而异，几种家畜粪便及其他发酵原料的产气量如表 5-3 所示。

表 5-3　各种发酵原料实际产气量

原料	日排鲜粪/kg	干重含量/%	每千克干重产气量/m^3	每日产气量/m^3
人	—	18	0.15	0.016
猪	0.6	18	0.33	0.240
牛	4.0	17	0.28	1.190
鸡	25.0	70	0.25	0.018
秸秆	0.1	88	0.21	0.185
青草		16	0.40	0.064

（引自：李震钟. 家畜环境卫生学附牧场设计. 中国农业出版社，2005）

生产沼气后产生的残余物——沼液和沼渣含水量高、数量大，且含有很高的 COD 值，若处理不当会引起二次环境污染，所以必须要采取适当的利用措施。常用的处理方法有以下几种。

① 用作植物生产的有机肥料　在进行园艺植物无土栽培时，沼气生产后的残余物是良好的液体培养基。

② 用作池塘水产养殖料　沼液是池塘河蚌育珠、滤食性鱼类养殖培育饲料生物的良好肥料，但一次性施用量不能过多，否则会引起水体富营养化而引起水中生物的死亡。

③ 用作饲料　沼渣、沼液脱水后可以替代一部分鱼、猪、牛的饲料。但与畜粪饲

料化一样，要注意重金属等有毒有害物质在畜产品和水产品中残留问题，避免影响畜产品和水产品的实用安全性。

2. 肥料化技术

畜禽排泄物中含有大量农作物生长所必需的氮、磷、钾等营养成分和大量的有机质，将其作为有机肥料施用于农田是一种被广泛采用的处理和利用方式。据统计，畜禽粪便占我国有机肥总量的 63%～71%，其中猪粪约占 36%～38%，是我国有机肥料组成中极为重要的肥料资源，美国、日本等国家 60% 以上的有机肥都是堆肥。目前利用畜禽粪便生产的有机肥不仅是绿色食品和有机食品生产的需要，也是增加土壤肥力和实现农牧结合相互促进的最有效途径。

（1）土地还原法 把畜禽粪尿作为肥料直接施入农田的方法称为"土地还原法"。采用土地还原法利用粪便时应注意：一是粪便施入后要进行耕翻，将鲜粪尿埋在土壤，使其好分解，这样，不会造成污染，不会散发恶臭，也不会招引苍蝇；二是家畜排出的新鲜粪尿须及时施用，否则应妥善堆放；三是土地还原法只适用于作耕作前底肥，不可用作追肥。

（2）堆肥处理法 堆肥技术是在自然环境条件下将作物秸秆与养殖场粪便一起堆沤发酵以供作物生长时利用。堆肥作为传统的生物处理技术经过多年的改良，现正朝着机械化、商品化方向发展，设备效率也日益提高。加拿大用作物秸秆、木屑和城市垃圾等与畜禽粪便一同堆肥腐熟后作商品肥。英国近年开展了利用庭院绿化废物与猪粪一同混合堆粪处理的试验研究。一些欧洲国家已开始将养殖工序由水冲式清洗粪便转回到传统的稻草或作物秸秆铺垫吸粪，然后实施堆肥利用方式。

堆肥处理的主要方法有以下几种。

① 腐熟堆肥法 腐熟堆肥法要通过控制好气微生物活动的水分、酸碱度、碳氮比、空气、温度等各种环境条件，使好气微生物能分解家畜粪便及垫草中各种有机物，并使之达到矿质化和腐殖质化的过程。此法可释放出速效性养分，具有杀菌、杀寄生虫卵等作用。腐熟堆肥的要点是前期保持好氧环境，以利于好氧微生物发酵；当粪肥腐熟进入后期时，应保持厌氧环境，以利于保存养分，减少肥分有效养分挥发。

② 坑式堆肥法 坑式堆肥要点是：在畜禽进入圈舍前，在地面铺设垫草，在畜禽进入圈舍后，不清扫圈舍粪尿，每日向圈舍粪尿表面铺垫垫料，以吸收粪尿中水分及其分解过程中产生的氨，使垫草和畜禽粪便在畜舍腐熟。当粪肥累积到一定时间后，将粪肥清除出畜舍，一般粪与垫料的比例以 1∶（3～4）为宜。近年来，研究人员在垫草垫料中加入菌类添加剂或除臭剂，效果较好。

③ 平地堆腐法 平地堆腐是将畜禽粪便及垫料等清除至舍外单独设置的堆肥场地上，平地分层堆积，使粪堆内进行好气分解。修建塑料大棚或钢化玻璃大棚，将畜禽粪便与垫料或干燥畜禽粪便混合，使处理的畜禽粪便水分含量为 60%，将含水量为 60% 的粪便送入大棚中，搅拌充氧，经过 30～40d 发酵腐熟，即可作为粪肥使用。

促进堆肥发酵的方法有以下几种。

① 改善物质的性质 常采用降低材料中水分（温室干燥、固液分离等）和添加辅助材料（水分调整材料：锯屑、稻壳、返回堆肥等）的方法，提高其通气性，使整体得到均匀的氧气供给。

② 通风 可通过添加辅助材料，提高混合材料的空隙率，使其具有良好的通气性。此外，用强制通风，可促进腐熟，缩短处理时间。通风装置一般采用高压型圆形鼓风机。如能保证材料有恰当的含水率、空隙率，用涡轮风扇也可充分通风，且降低电费。

③ 搅拌、翻转 适度搅拌、翻转可使发酵处理材料和空气均匀接触，同时有利于材料的粉碎、均质化。

④ 太阳能的利用及保温 利用太阳热能，可促使堆肥材料中水分蒸发。密闭型发酵槽等可以设置在温室内，用透明树脂板做堆肥舍屋顶，尽可能利用太阳能，在冬季还可以防止被寒风冷却。

堆肥发酵的设施如下。

① 开放型发酵设施 设置在温室等房子内，用搅拌机在 0.4～2.0m 的深度强制翻转搅拌处理，具有占地面积小，并可以用太阳能促进材料干燥等优点。另一方面，为防止冬季散热，可采用 2m 深的圆形发酵槽，发酵槽一半埋设在地下，即使在寒冷的冬季也可以维持良好的发酵状态。

② 密闭型发酵设施 原料在隔热发酵槽内搅拌、通风，有纵型和横型两种，占地面积比开放型小，为了维持一定的处理能力，材料在发酵槽内滞留天数比开放型短。适合以畜粪为主的材料的发酵。

③ 堆积发酵设施 操作者利用铲式装载机等进行材料的堆积、翻转操作，让其发酵。此法自动化程度低，每天的分解量少，占地面积较大。

3. 培养料技术

目前蛋白质饲料资源的短缺是限制中国畜牧业可持续发展的重要因素之一。由于近几年许多国家已禁止使用肉骨粉等动物性饲料，加上世界捕鱼量的逐年下降，使得寻求新的、安全的高蛋白饲料替代品已势在必行。昆虫是一种重要的生物资源，是最具开发潜力的动物蛋白资源。目前世界上许多国家都把人工饲养昆虫作为解决蛋白饲料来源的主攻方向。利用畜禽粪便养殖蝇蛆和蚯蚓，既可利用畜禽粪便生产优质动物蛋白饲料，又可将畜禽粪便经蝇蛆和蚯蚓处理后成为优质的有机肥，因此值得在我国大力推广。

（1）生产蝇蛆技术 家蝇的开发及利用研究一直是国内外学者关注的热点之一。20世纪 20 年代，就有关于利用家蝇幼虫处理废弃物及提取动物蛋白质的可行性论证报告。20 世纪 60 年代末，许多国家相继以蝇蛆作为优质蛋白饲料进行了研究开发，美国、英国、日本和俄罗斯等国家已实现机械化、工厂化生产蝇蛆。如在美国迈阿密市郊的一座苍蝇农场，以生产无菌蝇蛆为主，并以此带动了家禽、家畜饲养业，推动了种植业，衍生出饲料加工、工业提炼、医药制造、食品加工等一系列的场办企业。利用蛆壳和蛹壳提取几丁质和几丁聚糖也是发达国家进行较多的研究，一般采用生物化学方法对易于工业化饲养的蝇蛆提取几丁质，再加以脱乙酰基制成水溶性几丁聚糖，其成本较低，并可以此作为原料开发医药产品、保健品、食品、化妆品、纺织品等产品，具有巨大的经济效益及社会效益。

① 种蝇的选育　种蝇可通过猪粪进行选育研制，经育蛆、化蛹、成蝇至产卵培育而成。成蝇寿命为 30～60d，羽化后的蝇 2d 左右就能交配、产卵。卵期为 1～2d，幼虫期（蛆）4～6d，蛹期 5～7d，完成一个生活周期，室温为 25～30℃要 12～15d。影响蝇蛆生长过程的主要因素是气温及营养状况。

② 蝇蛆的培育　可采用塑料盆（桶）培养法。即在直径 6cm 的培养盆（或直径 30cm 的塑料桶）内加入培养料，可为 100％猪粪、25％鸡粪＋75％猪粪或 25％猪粪＋75％猪粪渣，厚度约为 4～6cm。将虫卵撒在培养料上，卵量约 1.5g。培养室内保持较黑暗环境，在常温下培养，温度低于 22℃时，用加热器加热。每天翻动两次，上午、下午各一次，同时将消化过的料渣用小铲子清出来，由于蝇蛆具有较强的避光特性，可将培养盆置于较光亮处，促使幼虫向培养料下层移动，然后层层清去表面料渣（料渣呈褐黑色、松散、臭味消失），再根据幼虫的生长情况和剩余料渣量来确定需添加培养料量。一般在第一天不需换料，第二、第三天是生长旺期，要加足培养料，后期少加料。每次加料用台秤称量，混匀，置于培养盆一边，幼虫自会爬到新加培养料中摄食，也便于下次清料渣。未成熟幼虫会因温度、湿度过高、密度过大或养料不足而爬出培养盆，此时，要用小刷子将其收回到培养盆内。

③ 蝇蛆的分离　成蛆与粪渣的分离是设备设计时要考虑的重点。目前有几种方法：a. 强光照射，层层去除表面料；b. 筛分离法；c. 水分离法。目前较为常用的是利用蛆快化蛹前要寻找干燥、暗的环境这个习性来收集，自动外爬后能回收 80％～90％的蛆。

（2）利用畜禽粪便养殖蚯蚓技术　人类认识和利用蚯蚓的历史非常悠久，但在 20 世纪 60 年代前对蚯蚓的开发利用主要以研究和利用野生蚯蚓为主，20 世纪 60 年代后一些国家开始人工饲养蚯蚓。由于蚯蚓在医药、食品、保健品、饲料、农业等方面的深入开发和应用，国内外对蚯蚓的需求量与日俱增，到 20 世纪 70 年代，蚯蚓的养殖已遍及全球。目前许多国家已建立和发展了初具规模的蚯蚓养殖企业，有的国家甚至实现了蚯蚓的工厂化养殖和商品化生产。美国开发人工养殖蚯蚓的时间较早，目前约有 300 个大型蚯蚓养殖企业，并在近年成立了"国际蚯蚓养殖者协会"，这些蚯蚓养殖公司主要利用蚯蚓来处理生活垃圾。目前，每年国际上蚯蚓交易额已达 25 亿～30 亿美元，并以每年 25％的速度快速增长。

我国于 1979 年从日本引进"大平 2 号"蚯蚓和"北星 2 号"蚯蚓，这两个蚯蚓品种同属赤子爱胜蚓，其特点是适应性强，繁殖率高，适于人工养殖。1999 年，中国科学院动物研究所邀请世界蚯蚓协会主席爱德华兹来我国参观考察，并在北京筹建了世界蚯蚓协会中国分会，为我国蚯蚓产品进入国际市场、加入世界经济循环打开了通道，积极推动了我国蚯蚓养殖业的健康发展。目前蚯蚓养殖作为一个行业已在我国蓬勃发展，其产品已被广泛应用于工业、农业、医药、环保、畜牧、食品及轻工业等领域，具有广阔的市场前景和发展空间。

据测定，蚓体的蛋白质含量约占干重的 53.5%～65.1%，脂肪含量为 4.4%～17.38%，碳水化合物 11%～17.4%，灰分 7.8%～23%。在其蛋白质中含有多种畜禽生长发育所必需的氨基酸，可以替代鱼粉作为禽、畜、鱼及特禽、特种水产品的饲料添加剂。

利用畜禽粪便养殖蚯蚓的技术如下。

① 基料的堆制与发酵　新鲜粪便不能被蚯蚓处理，因为畜禽粪便中尿酸和尿素的含量高，对蚯蚓的生长繁殖不利。因此蚯蚓的养殖成功与失败，培养基料的制作起着关键的决定性作用。蚯蚓繁殖的快慢，很大程度上取决于培养基的质量。

对于畜禽粪便基料，要求发酵腐熟，无酸臭、氨气等刺激性异味，基料松散而不板结，干湿度适中，无白蘑菌丝等。基料的堆制方法可参考畜禽粪便的堆肥方法。基料的腐熟标准是：基料呈黑褐色、无臭味、质地松软、不黏滞，pH 值在 5.5～7.5。

基料投放时，可先用 20～30 条蚯蚓作小区试验。投放一天后进去的蚯蚓无异常反应，说明基料已经制作成功，如发现蚯蚓有死亡、逃跑、身体萎缩或肿胀等现象应查明原因或重新发酵。

② 蚯蚓的养殖　可采用平地堆肥养殖法。此养殖方法室内外均可进行，选用房前屋后、庭院空地、地势较高不积水处，将制好的基料或腐熟的堆肥堆制成高 1m 上下，长 2～3m，饲料水分保持在 60%。放入种蚯蚓 2000 条，3 个月左右，当种蚓大量繁殖后，应及时采收或分堆养殖，如在闲置的旧房舍也可在室内制堆，在室内闲房制堆可简化冬季的保温，室内温度一般都在 10℃以上，如低于 10℃时，加一层稻草或麦秸即可，同时减去夏季防雨工作。

在蚯蚓的饲养过程中，日常管理十分重要。要根据蚯蚓的生活习性，经常性的检查和观察，发现异常现象及时查明原因，并及时给予解决，防患于未然。蚯蚓养殖的日常管理要注意以下几点。

a. 环境要适宜　要根据蚯蚓的生活习性，保持它所需要的温度和湿度条件，避免强光照射，冬季要加盖麦秸、稻草或加盖塑料薄膜保温。夏季要加盖湿麦草、湿稻草遮阴降温。要经常洒水，并保持环境安静和空气流通。

b. 适时投料　在室内养殖时，养殖床内的基料（饲料）经过一定时间后逐渐变成了粪便，必须适时地补给新料，补料一般采用的是上投法，即在旧料上覆盖新料。室内地沟式养殖时，要在地沟内一次性给足基料，在一定时间内定时采收。避免基料采食完后蚯蚓钻入地下采食或死亡。

c. 注意防逃　在室外地沟养殖时，要搞好清沟、排渍、清除沟土异味等工作。一次性给足基料，避免因沟土气味或无料可食而引起蚯蚓逃走。室内架式养殖时，应使架床上基料通气通水良好，保持适宜的温度和湿度，防止蚯蚓逃出饲养架外。

d. 定期清粪　室内养殖蚯蚓，必须十分注意室内的清洁卫生，保持空气新鲜，搞好粪便的定时清理，这对蚯蚓的生长、繁殖都有好处。大田养殖不必清理粪便，蚓粪是农作物的有效有机肥。

e. 适时分群 蚯蚓有祖孙不同堂的习性，成蚓、幼蚓不喜欢同居，大小蚯蚓在一起饲养时，大蚯蚓可能逃走，同时大小蚯蚓长期混养可能引起近亲交配，造成种蚓退化。当蚯蚓大量繁殖、密度过大时需要适时分群，否则将产生上述不良后果。

f. 预防敌害 黄鼠狼、鸟类、鸡鸭、青蛙、老鼠和蛇等都是蚯蚓的天敌，必须采取有效措施，严加防范。

g. 四季管理 随着一年四季天气的变化，四个季节的管理各自有着重点所在。春季在立春过后，气温和地温都开始回升，温度适宜，蚯蚓繁殖很快，要着重抓好扩大养殖面积的准备工作，如增设床架、新开地沟、堆制新肥堆等。夏季注意经常降温和通风，初秋露水浓重的季节里，夜晚要揭开覆盖物，让蚯蚓大部分爬出土表层，享受露水的润泽，这对交配、产卵、生长均有好处。晚秋天气开始转冷，要做好防寒准备，冬季当然首先要做好保温工作。

h. 繁殖期管理 蚯蚓是雌雄同体、异体交配的动物。幼蚓生长 38d 即性成熟，便能交配，交配后 7d 便可产卵，在平均温度 20℃的气温下，经过 19d 的孵化即可产出幼蚓，全育期 60d 左右。在饲养基内自然交配、产卵和孵化出幼蚓，它不需要人工管理，但必须长期保持平均温度 20℃左右，温度过低或过高都会影响繁殖，相对湿度应保持在 56%～66%。同时还需防止卵包因日晒脱水而死亡，基料含水量应控制在 50%～60%，不宜太湿或太干，过湿会引起卵茧破裂或新产卵茧两端不能封口。以上均为繁殖管理要点，是孵化率和成活率的基本保证。

4. 饲料化技术

自 20 世纪 50 年代美国首先以鸡粪作羊补充饲料试验成功后，日本、英国、法国、德国、丹麦、俄罗斯、泰国、西班牙、澳大利亚、中国等十几个国家和地区开展了畜禽粪便再利用研究。目前，已有许多国家利用畜禽粪便加工饲料，德国、美国的鸡粪饲料"插普蓝"已作为蛋白质饲料出售，英国和德国的鸡粪饲料进入了国际市场；猪粪也被用来喂牛、喂鱼、喂羊等，可降低饲料成本。

(1) 畜禽粪便用作饲料的可行性 尽管畜禽粪便含有大量的营养成分，如粗蛋白质、脂肪、无氮浸出物、Ca、P、维生素 B_{12}，但又含有许多潜在的有害物质，如矿物质微量元素（重金属如铜、锌、砷等）、各种药物（抗球虫药、磺胺类药物等）、抗生素和激素等以及大量的病原微生物、寄生虫及其卵；畜禽粪便中还含有氨、硫化氢、吲哚、粪臭素等有害物质。所以，畜禽粪便只有经过无害化处理后才可用作饲料。带有潜在病原菌的畜禽粪便经过高温、膨化等处理后，可杀死全部的病原微生物和寄生虫。用经无害化处理的饲料饲喂畜禽是安全的；只要控制好畜禽粪便的饲喂量，就可避免中毒现象的发生；禁用畜禽治疗期的粪便作饲料，或在家畜屠宰前不用畜禽粪便作饲料，就可以消除畜禽粪便作饲料对畜产品安全性的威胁。

(2) 畜禽粪便用作饲料的方法

① 干燥法 干燥法就是对粪便进行脱水处理，使粪便快速干燥，以保持粪便养分，

除去粪便臭味，杀死病原微生物和寄生虫，该方法主要用于鸡粪处理。

a. 自然干燥 新鲜畜禽粪单独或掺入一定比例的糠麸拌匀，铺在水泥地或塑料布上，随时翻动，自然风干、晒干，然后粉碎，饲喂畜禽。

b. 低温干燥 畜禽粪运到干燥车间或干燥机、隧道窑中（有机械搅拌和气体蒸发装置），在 70～500℃ 下烘干，使含水量降至 13％ 以下，便于贮存和利用。常用温度 70～105℃，也有用 140～200℃ 或 270～500℃ 的。

c. 高温快速干燥 用高温快速干燥机（又称脱水机）进行人工干燥。将畜禽粪便（含水 70％～75％）装入快速干燥机中，在 500～700℃ 下，经 12s 的处理，即可使含水量降至 13％ 以下。此法快速，可达到灭菌、灭杂草籽和去臭的目的，但养分损失较大，成本较高。

d. 高频电流干燥法 将粪便先湿润→筛网上分离→除去混杂物→高频装置→超高频电磁波使粪便内的水分子发生共振及急剧运动→水温急剧增高，迅速蒸发→含水量降到 10％ 左右。该法干燥速度快，效果好，水分由内向外干燥，灭菌且营养成分基本完全保存。

② 青贮法 将畜禽粪便单独或与其他饲料一起青贮。这种方法是很成熟的家畜粪便加工处理方法，安全可靠。只要调整好青粗料与粪的比例并掌握好适宜含水量，就可保证青贮质量。青贮法不仅可防止粗蛋白损失过多，而且可将部分非蛋白氮转化为蛋白质，杀灭几乎所有有害微生物。用青贮法处理畜禽粪便时，应注意添加富含可溶性碳水化合物的原料，将青贮物料水分控制 40％～70％，保持青贮容器为厌氧环境。例如，用 65％ 新鲜鸡粪、25％ 青草（切短的青玉米秸）和 15％ 麸皮混合青贮，经过 35d 发酵，即可用作饲料。

③ 发酵法 发酵法处理畜禽粪便分主要采用有氧发酵法。有氧发酵就是将粪便通气，好氧菌对粪便中的有机物进行分解利用，将粪便中的粗蛋白和非蛋白氮转变为单细胞蛋白质（SCP）、酵母或其他类型的蛋白质，好氧菌如放线菌、乳酸菌、乙酸杆菌等还可以分解物料中的纤维素，能产生更多营养物质。好氧菌的活动能产生大量热量，使物料温度升高（达 55～70℃），可以杀死物料中绝大部分病原微生物和寄生虫卵。

④ 鸡粪与垫草混合直接饲喂 在美国进行的一项试验表明，可用散养鸡舍内鸡粪混合垫草，直接饲喂奶牛与肉牛。在 100kg 饲料中混入粪草 23.2kg 饲喂奶牛，其结果与饲喂含豆饼的饲料效果相同。应防止垫草中农药残留和因粪便处理不好而引起传染病的传播，如垫草经 6～8 周堆放以后，含水量在 20％～35％，一般不会存在大肠杆菌、沙门菌和志贺菌。

联合国粮食与农业组织认为，青贮是安全、方便、成熟的鸡粪饲料化喂牛的一种有效方法。不仅可以防止畜粪中粗蛋白和非蛋白氮的损失，而且还可将部分非蛋白氮转化为蛋白质。青贮过程中几乎所有的病原体被杀灭，有效防止疾病的传播。将新鲜畜粪与其他饲草、糠麸、玉米粉等混合装入塑料袋或其他容器内，在密闭条件下进行青贮，一般经 20～40d 即可使用。制作时，注意含水量保持在 40％ 左右，装料需压实，容器口应扎紧或封严，以防漏气。

三、 畜牧场污水处理技术

一个年产一万头商品肉猪的养猪场采用漏缝地板方式饲养，每天将排放污水 $200\sim$ $300\ m^3$，年排放污水达 $7.5\times10^4\sim11.0\times10^4\ m^3$。畜牧场污水处理的最终目的是将这些废水处理达到排放标准和综合利用。畜禽场废水与其他行业如工业污水有较大差别，比如有毒物质含量较少，污水排放量大，污水中含有大量粪渣，有机物、氮、磷等含量高，而且还有很多病原微生物，危害及处理难度大。目前，国内外畜禽场污水处理技术一般采取"三段式"处理工艺，即固液分离—厌氧处理—好氧处理。

1. 固液分离

畜牧业污水中含有高浓度的有机物和固体悬浮物（SS），尤其是采用水冲清粪方式的污水，SS 含量高达 $160g/L$，即使采用干清粪工艺，SS 含量仍可达到 $70g/L$，因此无论采用何种工艺措施处理畜牧业污水，都必须先进行固液分离。通过固液分离，可使液体部分污染物负荷降低，生化需氧量（COD）和 SS 的去除率可达到 $50\%\sim70\%$，所得固体粪渣可用于制作有机肥；其次，通过固液分离，可防止大的固体物进入后续处理环节，以防造成设备的堵塞损坏等；此外，在厌氧消化前进行固液分离能增加厌氧消化运转的可靠性，减少所需厌氧反应器的尺寸及所需的停留时间，减少气体产生量30%。

固液分离技术一般有筛滤、离心、过滤、浮除、絮凝等，这些技术都有相应的设备，从而达到浓缩、脱水目的。畜禽养殖业多采用筛滤、过滤和沉淀等固液分离技术进行污水的一级处理，常用的设备有固液分离机、格栅、沉淀池等。

固液分离机由振动筛、回转筛和挤压式分离机等部分组成，通过筛滤作用实现固液分离的目的。筛滤是一种根据禽畜粪便的粒度分布状况进行固液分离的方法，污水和小于筛孔尺寸的固体物从筛网中的缝隙流过，大于筛孔尺寸的固体物则凭机械或其本身的重量截流下来，或推移到筛网的边缘排出。固体物的去除率取决于筛孔大小，筛孔大则去除率低，但不易堵塞，清洗次数少；反之，筛孔小则去除率高，但易堵塞，清洗次数多。

格栅是畜牧业污水处理的工艺流程中必不可少的部分，一般由一组平行钢条组成，通过过滤作用截留污水中较大的漂浮和悬浮固体，以免阻塞孔洞、闸门和管道，并保护水泵等机械设备。

沉淀池是畜禽污水处理中应用最广的设施之一，一般畜禽养殖场在固液分离机前会串联多个沉淀池，通过重力沉降和过滤作用对粪水进行固液分离。为减少成本，可由养殖场自行建设多级沉淀、隔渣设施，最大限度地去除污水 SS，这种方式简单易行，设施维护简便。

2. 厌氧处理

畜禽场污水可生物降解性强，因此可以采用厌氧技术（设施）对污水进行厌氧发酵，不仅可以将污水中不溶性的大分子有机物变为可溶性的小分子有机物，为后续处理技术提供重要的前提；而且在厌氧处理过程中，微生物所需营养成分减少，可杀死寄生虫及杀死或抑制各种病原菌；同时，通过厌氧发酵，还可产生有用的沼气，开发生物能源。但厌氧发酵处理也存在缺点，由于规模化畜禽场排放出的污水量大，建造厌氧发酵池和配套设备投资大；处理后污水的 NH_3-N 仍然很高，需要其他处理工艺；厌氧产生沼气并利用其作为燃料、照明时，稳定性受气温变化的影响。

厌氧发酵的原理为微生物在缺乏氧的状况下，将复杂的有机物分解为简单的成分，最终产生甲烷和二氧化碳等。厌氧处理的方法很多，按消化器的类型，可分为常规型、污泥滞留型和附着膜型。常规型消化器包括常规消化器、连续搅拌反应器（STR）和塞流式消化器。污泥滞留型消化器包括厌氧接触工艺（ACP）、升流式固体反应器（USR）、升流式厌氧污泥床反应器（UASB）、折流式反应器等。附着膜型反应器包括厌氧滤器（AF）、流化床（FBR）和膨胀床（EBR）等。常规型消化器一般适宜于料液浓度较大、悬浮物固体含量较高的有机废水；污泥滞留型和附着膜型消化器主要适用于料液浓度低、悬浮物固体含量少的有机废水。目前国内在畜禽养殖场应用最多的是 STR 和 UASB 艺两种。

（1）连续搅拌反应器（STR） STR 在我国也称完全混合式沼气池，做法为将发酵原料连续或半连续加入消化器，经消化的污泥和污水分别由消化器底部和上部排出，所产的沼气则由顶部排出。STR 可使畜禽粪水全部进行厌氧处理，优点是处理量大，浓度高，产沼气量多，便于管理，易起动，运行费用低；缺点是反应器容积大，投资多，后处理麻烦。

（2）升流式厌氧污泥床反应器（UASB） 1974 年由荷兰著名学者 Lettinga 等提出，1977 年在国外投入使用。1983 年北京市环境保护科学研究所与国内其他单位进行了合作研究，并对有关技术指标进行了改进，其对有机污水 COD 的去除率可达 90% 以上。UASB 属于微生物滞留型发酵工艺，污水从厌氧污泥床底部流入，与污泥层中的污泥进行充分接触，微生物分解有机物产生的沼气泡向上运动，穿过水层进入气室；污水中的污泥发生絮凝，在重力作用下沉降，处理出水从沉淀区排出污泥床外。UASB 工艺一般用于处理固液分离后的有机污水，优点是需消化器容积小，投资少，处理效果好；缺点是产沼气量相对较少，起动慢，管理复杂，运行费用稍高。

（3）厌氧滤器（AF） 1969 年由 Young 和 McCarty 首先提出，1972 年国外开始在生产上应用。我国于 20 世纪 70 年代末期开始引进并进行了改进，其沼气产生率可达 $3.4m^3/(m^3 \cdot d)$，甲烷含量可达 65%。

（4）污泥床滤器（UBF） 是 UASB 和 AF 的结合，具有水力停留时间短、产气率高、对 COD 去除率高等优点。

（5）升流式固体反应器（USR） 是厌氧消化器的一种，具有效率高、工艺简单等优点，目前已常被用于猪、鸡粪废水的处置，其装置产气率可达 $4m^3/(m^3 \cdot d)$，COD 去除率达 80%以上。

（6）其他厌氧工艺　研究表明，采用厌氧折流板反应器（ABR）处理规模化猪场污水，常温条件下容积负荷可达到 $8\sim10kg\ COD/(m^3 \cdot d)$，COD 去除率稳定在 65%左右，表现出比一般厌氧反应器启动快、运行稳定、抗冲击负荷的能力强的特点。

3. 好氧处理

好氧处理是主要依赖好氧菌和兼性厌氧菌的生化作用来完成废水处理过程的工艺。其处理方法可分为天然和人工两类。天然条件下好氧处理一般不设人工曝气装置，主要利用自然生态系统的自净能力进行污水的净化，如天然水体的自净、氧化塘和土地处理等。人工好氧处理方法采取向装有好氧微生物的容器或构筑物不断供给充足氧的条件下，利用好氧微生物来净化污水。该方法主要有活性污泥法、氧化沟法、生物转盘、序批操作反应器（SBR）和生物膜法等。

好氧处理法处理畜禽场污水能有效降低污水 COD，去除氮、磷。采用好氧处理技术处理畜禽场污水，大多采用 SBR、活性污泥法和生物膜法，尤其 SBR 工艺对高氨氮的畜禽场污水有很好的去除效果，国内外大多采用 SBR 工艺作为畜禽场污水厌氧处理后的后续处理。好氧处理技术也有缺点，如污水停留时间较长，需要的反应器体积大且耗能大、投资高。

（1）活性污泥法（生物曝气法）　是在污水中加入活性污泥并通入空气进行曝气，使其中的有机物被活性污泥吸附、氧化和分解，达到净化的目的。活性污泥由细菌、原生动物及一些无机物和尚未完全分解的有机物所组成。当通入空气后，好气微生物大量繁殖。其中以细菌含量最多，许多细菌及其分泌物的胶体物质和悬浮物黏附在一起，形成具有很强吸附和氧化分解能力的絮状菌胶团。所以，在污水中投入这种活性污泥，即可使得水净化。

活性污泥法的一般流程是：污水进入曝气池，与回流污泥混合，靠设在池中的叶轮旋转、翻动，使空气中的氧进入水中，进行曝气，有机物即被活性污泥吸附和氧化分解。从曝气池流出的污水与活性污泥的混合液，再进入沉淀池，在此进行泥水分离，排出被净化的水，而沉淀下来的活性污泥一部分回流入曝气池，剩余的部分则再进行脱水、浓缩、消化等无害化处理或厌气处理后利用（图 5-1）。

氧化渠（沟）是一种简易污水处理设施。在狭长的渠（或沟）中设置一曝气转筒。曝气转筒两端固定，顺水流方向转动，渠中曝气作用在转筒附近发生，其筒旋转使污水和渠内活性污泥混合，从而使污水净化。

（2）序批操作反应器（SBR）　是一种按间歇曝气方式运行的活性污泥污水处理技术。与传统污水处理工艺不同，SBR 技术采用时间分割的操作方式替代空间分割的操作方式，非稳态生化反应替代稳态生化反应。静置沉淀替代传统的动态沉淀。它的主要特征是在运行上的有序和间歇操作，其优点是水质的均衡、初次沉淀、生物处理、二次沉淀可以在一个单一的反应器中实现，操作比较灵活，占地面积小，不需要沉淀池和其

图 5-1 曝气系统

他设备。其缺点是比常规系统需要更高层次的管理，自动化要求高，后处理设备要求大，排水时间短，并且排水时要求不搅动沉淀污泥层，因而需要专门的排水设备。由于不设初沉池，易产生浮渣。

（3）生物过滤法（生物膜法） 它是使污水流过一层表面充满生物膜的滤料，依靠生物膜上大量微生物的作用，并在氧气充足的条件下，氧化污水中的有机物。

① 普通生物滤池 生物滤池内设有用碎石、炉渣、焦炭或轻质塑料板、蜂窝纸等构成的滤料层，污水由上方进入，被滤料截留其中的是浮物和胶体物质，使微生物大量繁殖，逐渐形成由菌胶团、真菌菌丝和部分原生动物组成的生物膜。生物膜大量吸附污水中的有机物，并在通气良好的条件下进行氧化分解，达到净化的目的。

② 生物滤塔（图 5-2，图 5-3） 滤塔分层设置盛有滤料的格栅，污水在滤料表面形成生物膜，因塔身高，使污水与生物膜接触的时间增长，更有利于生物膜对有机物质的氧化分解。猪场污水经处理后，其 COD 从 $5300 \sim 3.25 \times 10^4 \mathrm{mg/L}$ 降为 $900 \sim 1400 \mathrm{mg/L}$，SS 从 $1.5 \times 10^4 \sim 4.7 \times 10^4 \mathrm{mg/L}$ 降为 $400 \sim 500 \mathrm{mg/L}$。所以生物滤塔具有效率高、占地少、造价低的优点。

图 5-2 卧式生物滤塔

图 5-3 立式生物滤塔

③ 生物转盘 是由装在水平轴上的许多圆盘和氧化池（沟）组成（图 5-4），圆盘一半浸没在污水中，微生物即在盘表面形成生物膜，当圆盘缓慢转动时（$0.8 \sim 3.0 \mathrm{r/min}$），

图 5-4　生物转盘

生物膜交替接触空气和污水，于是污水中的有机物不断被微生物氧化分解。生物转盘可使 BOD_5 去除率达 90%。经处理后的污水，还需进行消毒，杀灭水中的病原微生物，才能安全利用。

4. 自然生物处理法

自然生物处理法就是利用天然的水体和土壤中的微生物来净化废水的方法，主要有水体净化法和土壤净化法两类。属于前者的有氧化塘（好氧塘、兼性塘、厌氧塘）和养殖塘；属于后者的有土地处理（慢速渗滤、快速渗滤、地面漫流）和人工湿地等。北京师范大学环境科学研究所代利明、刘红等教授已将人工湿地技术用于畜禽养殖场粪污处理工程。

该方法的投资少，运行费用低，但其缺点是占地面积大，净化效率相对低。因此在有可利用的废弃的沟塘时，可考虑用此法。

（1）人工湿地　集约化畜牧场污水排放量大，经过固液分离、厌氧处理、好氧处理后，出水中 COD 和 SS 含量仍然较高，尚需进行二级处理方可达到排放标准。人工湿地的应用可以有效地解决这一问题。人工湿地的基质可由碎石构成，在碎石床上栽种耐有机物的高等植物；当污水渗流石床后，在一定时间内碎石床会生长出生物膜。在近根区有氧情况下，生物膜上的大量微生物把有机物氧化分解成 CO_2 和 H_2O，通过氨化、硝化作用把含氮有机物转化为含氮无机物；在缺氧区，通过反硝化作用脱氮。所以人工湿地碎石床既是植物的土壤，又是一种高效化的生物滤床，是一种理想的全方位生态净化方法。也可构建若干个串联的潜流式人工湿地用于畜禽场污水的处理。国外不仅利用人工湿地处理畜禽养殖业污水，而且还将其应用于对水产养殖的水体进行水质净化，研究选用不同的植物、不同的处理床对水体中悬浮性固体、有机质、氮和磷等进行去除。

（2）氧化塘　指天然的或经过一定人工修整的有机污水处理池塘。近年来，氧化塘技术在畜牧业废水处理中被广泛应用。浮水植物净化塘是目前应用最广泛的水生植物净化系统，经常作为畜禽粪污水厌氧消化排出液的接纳塘，或是厌氧+好氧处理出水的接纳塘，其中最常用的浮水植物是水葫芦，其次是水浮莲和水花生。鱼塘是畜禽场最常用的氧化塘处理系统，通常也是畜禽场污水处理工艺的最后一个环节，它不仅简单、经济、实用，而且有一定经济回报，在我国应用非常普遍。

四、 垫草、 垃圾的处理技术

畜牧场废弃垫草及场内生活和各项生产过程产生的垃圾除和粪便一起用于产生沼气外，还可在场内下风处选一地点焚烧，焚烧后的灰用土覆盖，发酵后可变为肥料。

单元三 家畜营养生态技术

学习目标

明确家畜营养与动物健康及畜产品安全的关系，能够运用营养技术保障饲料安全、减少家畜排泄物污染，减少畜牧生产中的碳排放。

一、 家畜营养生态概述

家畜营养生态指应用生态学和动物营养学原理，综合考虑环境、畜禽、饲料、产品等多种因素，平衡动物食物供应与发挥畜禽生产性能及维护环境和生态的关系，以实现畜牧业的可持续发展。其目标一是避免有害物质的残留，生产安全健康畜产品，保障人类健康；二是利用广泛的饲料资源，提高饲料利用率和畜产品产量；三是尽可能提高动物健康体况，减少环境污染，维护生态平衡。

自然条件下，野生、放牧或圈养动物，由于季节、食物、空间、天敌、疾病、争斗等生态因素的制约，动物群体保持着相应的较小的规模。养分作为生物与生物之间、生物与环境之间联系的基本纽带，通过食物链，自然地融入食物网中，贯穿整个生态系统。这时，系统很少需要人为的干预，依赖自然的死淘率、繁殖率保持规模，粪便和臭气很快分解消失，动物的肉、乳、蛋、皮毛等被人类消费或利用。没有严重的污染和大规模的传染病，也没有药物的使用与残留。

家畜集约化生产后，很大程度上改变了养分在畜牧生态系统内外的自然循环，给动物健康、畜产品安全和生态环境带来很大影响，家畜数量的增多带来全球气候的变化，动物性饲料的应用引起疯牛病等疾病，家畜排泄物增多导致水体富营养化等。这时运用生态营养学理论来强化饲料的安全就显得非常重要。当前家畜营养生态更重视从营养技术上改善饲养动物的方式，通过改进饲料工业等手段，在保持动物所需的营养水平的同时，考虑动物排泄物对环境的影响。

二、 家畜营养与动物健康及畜产品安全的关系

1. 饲料中的有毒有害成分对动物健康及畜产品安全的影响

（1）植物性饲料中的有毒有害成分　饲料中常用的植物性原料如豆粕、棉子粕、菜子粕、花生饼（粕）、玉米、麸皮、次粉、统糠等，有毒有害物质的来源比较复杂，既有其本身固有的天然有毒有害成分，也有外源性污染带来的。饲料中固有的天然有毒有害成分种类繁多，大多是植物体内的代谢产物，对动物可产生各种毒害作用，主要有以下几类：糖苷类（菜子粕中的硫葡萄糖苷、高粱中的单宁）、有毒蛋白和肽（豆类中的蛋白酶抑制素、抗原蛋白）、酚类（棉酚）、有机酸（植酸）、萜类、生物碱（菜子粕中的芥子碱）、亚硝酸盐、氟等。外源性污染主要有：为防治作物病虫害而使用农药引起的农药残留，如有机氯农药、有机磷农药等；因环境污染导致的有毒有害物质的蓄积，如汞、铅、镉、铬、钴、砷等；收获后贮存不当产生的黄曲霉菌、沙门菌的污染等。

（2）动物源性饲料中的有毒有害成分　动物源性饲料主要有鱼粉、肉粉、肉骨粉（骨粉）、羽毛粉、乳清粉、动物内脏、蚕蛹、生鸡蛋清及贝类、甲壳类动物等，它们都是优质的蛋白质饲料。在饲料工业中应用最多的是鱼粉、肉骨粉（骨粉）、乳清粉和贝壳粉。此类饲料原料中的有毒有害物质来源多样：其本身固有的，如动物性蛋白质饲料中含有组胺和抗硫胺素等；在生产过程中被污染的，如骨粉中含有重金属等；加工过程中产生的毒素，如高温加工的鱼粉能产生导致鸡胃糜烂的糜烂素等；贮存过程中产生的毒素，如因酸败、霉变、腐烂而滋生的致病菌、寄生虫及细菌毒素等。

（3）矿物质饲料原料中的有毒有害成分　矿物质饲料原料中的有毒有害物质主要有铅、镉、铬、氟、砷等金属和非金属化合物。它们是矿物质中天然存在的，因产地不同，所含的有毒有害物质的种类和含量有所不同。此类物质有很强的毒性，如长期摄入含铅超标的食品会造成慢性铅中毒，摄入含氟超标的食品会导致人的血钙降低、骨质增生、椎间隙变窄等。

（4）各种饲料原料中的主要抗营养因子　抗营养因子是饲料自身所固有的成分，可以破坏或阻碍营养成分的消化吸收和利用，从而降低饲料利用率，影响畜禽的生产性能，增加动物排泄物的排出。

抗营养因子对饲料营养价值的影响和动物的生物学反应见表5-4。

各类抗营养因子中，由于饲料的合成和生物活性不同，它们的抗营养重要性也是不同的。一般来说，蛋白酶抑制因子、凝集素、植酸等起着比较重要的作用，维生素拮抗物、皂化物等则为次要的抗营养因子。在植物性饲料原料中，含抗营养因子最多的是植物的籽实，比如，豆科籽实及其饼粕、禾本科籽实及其糠麸都含有较多的抗营养因子。动物性饲料原料中的抗营养因子主要是淡水鱼类及软体动物所含有的硫胺素酶、禽蛋中抗生素等。这些有毒有害物质影响动物的健康生长，形成劣质畜产品，重者会引起动物急性或亚急性中毒，甚至死亡。

表 5-4 饲料中各种抗营养因子的作用

因子种类	因子作用
抗胰蛋白酶、凝乳蛋白酶抑制因子、植物凝集素、酚类化合物、皂化物等	对蛋白质的消化和利用有不良影响
淀粉酶抑制剂、酚类化合物、胃肠胀气因子等	对碳水化合物的消化有不良影响
植酸、草酸、棉酚、硫葡萄糖苷等	对矿物元素的利用有不良影响
双香豆素、硫胺素酶等	维生素拮抗物或引起维生素需要量增加
抗原蛋白	刺激免疫系统，引起过敏反应
水溶性非淀粉多糖、丹宁等	对多种营养成分利用产生影响

2. 饲料加工技术对动物健康及畜产品安全的影响

（1）原料的控制和安全贮存　饲料原料是安全饲料生产的第一个控制点，有些植物性饲料原料在生长过程中由于受病虫侵害而大量使用农药防治，造成谷物产品的农药残留大大超标，饲料厂在接收原料时应加强对农药残留的检测。饲料原料水分是安全贮存的关键，尤其是一些刚收获的植物性原料，水分一般都达不到安全贮藏的标准，致使贮藏过程中易受霉菌污染而产生大量霉菌毒素，继而使生产的饲料品质恶化。因此，需要改善原料的贮存条件和控制饲料原料的水分（安全水分在 12％以下），尽可能减少霉菌的污染。

目前，原料掺假现象也十分严重，在接收原料时要通过严格的检测或化验，确认是否符合质量标准，坚决杜绝不合格原料进厂。

（2）原料的清理　在饲料加工中，人们往往重视饲料原料中的大型杂质和磁性杂质的清理以保证饲料加工设备的安全，而对饲料中小型杂质的清理常常忽视。这些小型杂质成分复杂，是各种有害微生物滋生的场所。当原料中水分和温度适宜其生长时，原料的营养又是其培养基，使其快速生长产生大量有害物质，对饲料安全构成威胁。因此饲料生产中对小型杂质也要进行清除以有利于饲料的安全，保证产品质量。

（3）配方中各种添加物的控制　饲料配方除了需满足畜禽的生产性能要求外，所添加的原料应符合国家的卫生标准，同时应贯彻国家在饲料方面的有关法规，严禁使用违禁药物和抗生素药渣。对于需要添加药物的饲料，应添加国家准许应用的药物，同时必须符合适用动物范围、用量、停药期和注意事项要求。为了节约饲料生产成本，充分利用饲料资源，一些非常规饲料原料被应用。使用这些原料时，首先要保证其本身的安全性，对于本身具有某些毒性的原料，应采取措施加以防范。

随着生物技术的发展，转基因作物和其副产品用作饲料的比例在逐渐增加，诸如高油玉米、高赖氨酸玉米、低毒油菜籽饼粕、高蛋氨酸大豆等原料已在饲料生产中应用。但这些转基因植物用作饲料原料，对动物健康及畜产品的安全性尚未得出一致的肯定结论。所以选择转基因产品用作饲料原料时需持谨慎态度。

（4）饲料加工工艺设计和设备的选择　饲料生产是通过一系列加工设备与输送设备

组合而成的，合理设计工艺和选择设备也是安全饲料生产中的重要环节，主要是减少加工过程物料分级和残留，同时利用加工过程中的热处理来消除原料中抗营养因子和有害微生物的影响。

① 加工过程的分级　在饲料加工中，饲料组分的密度差异、载体颗粒度的不同以及添加剂等微量组分与饲料中的其他用量较大组分之间混合不充分，是导致饲料分级的重要原因。原料的输送、装料和卸料等加工流程也会造成分级，手工操作和加工工艺流程设计不当也易造成分级。减小分级的措施有：合理设计饲料加工工艺流程和选择优质精密的设备；通过调整原料的组成和粉碎的粒度来保证原料混合的均匀；对微量组分进行有效承载，以改变微量组分的混合特性；添加液体组分来增加粉料的黏结；将产品进行制粒或膨化也有助于避免上述现象的发生。对于粉状产品（尤其是复合预混料），混合以后的成品粉状料应尽量减少输送距离以减小物料分级的影响。

② 加工过程的残留污染　许多因素可造成饲料在设备中残留而导致交叉污染。需在工艺设计和设备选择上采取相应的措施，以减少残留的产生。在工艺设计上，输送过程尽量利用分配器和自流的形式，少用水平输送。在满足工艺要求的条件下，尽量减少物料的提升次数和缓冲仓的数量。吸风除尘系统尽可能设置独立风网，将收集的粉尘直接送回原处以免二次污染，尤其是加药的复合预混料的生产更应这样处理。微量组分的计量应尽量安排在混合机的上部，如果在计量和称重后必须提升或输送则必须使用高密度气力输送以防止分级和残留。药物类等高危险微量组分则必须直接添加到混合机中。为减少残留对饲料的影响可设计一些清洗装置，利用压缩空气对某些设备特殊部位进行清理。在设备选用上，计量设备和电子秤在量程选择上应根据不同配比物料性质来确定。不合理液体添加方式对物料的残留也会带来影响，要予以注意。

③ 热处理工艺的应用　传统的制粒之前，调质热处理的效果取决于温度、时间以及蒸汽的质量。调质的作用是为了提高颗粒饲料的质量，改善饲料消化率，同时可以破坏原料中抗营养因子，杀灭原料中有害微生物，使颗粒饲料的卫生品质得到控制。这种调质处理受到颗粒机结构限制，调质效果并不理想。目前在调质处理上进行了改进，主要是用增加调质的距离来延长调质时间，使调质后饲料的卫生质量得到提高。另一种方法是采用膨胀或挤压膨化方法，充分利用时间、温度，并结合机械剪切和压力，处理强度高，杀菌的效果更明显。膨胀或挤压膨化调质使饲料的卫生质量得到较好保证。

(5) 饲料生产过程的管理　饲料生产是较为复杂的，原料的投料点多，生产设备多，输送设备形式多，吸风除尘管路多，因此生产过程的管理是一个系统工程，对安全饲料生产、控制产品质量具有重要作用。

① 投料与输送设备管理　投料时应检查原料品质是否有变化，发现原料有异常时应及时采取相应的处理措施。所投原料规格应与配方要求相符，各种原料按规定要求投入相应料仓。斗式提升机底部、刮板输送机、螺旋输送机和溜管缓冲段易产生残留，要定期清理。

② 生产设备管理　应检查设备运行是否正常，有无漏料现象，要防止设备润滑油

渗漏对物料的污染。粉碎机要用相应筛板来控制粉碎粒度，注意筛板有无破损。计量设备称量准确性相当重要，要用不同量程计量设备来满足物料的称量，如小品种物料的添加量达不到计量精度要求则小品种物料必须再稀释。确保混合机的混合时间，混合均匀度必须与工艺要求相符。预混料应直接打包，以防运输分级。打包时，要保证打包物料计量准确，同时要加强标签管理防止贴错标签。

③ 除尘系统与清扫 饲料生产过程的除尘和清扫是保证卫生生产的重要措施，每个投料点和易产生粉尘的设备都应设置吸风口，应根据物料特性合理设置除尘系统，最好设置独立吸风系统，吸附的粉尘能直接回到生产设备供二次生产。生产车间和生产设备应及时清扫以防粉尘堆积，清扫后的物料应按规定处理，防止产生二次污染。

（6）加工后饲料贮存管理 加工后物料按规定贮存，防止贮存过程中饲料变质，有利于成品先进先出，运输中不产生污染，严禁饲料与农药、化肥和其他化工产品混装。用户堆放成品时要防止饲料在畜禽舍内被污染。应指导用户正确使用，对加药饲料应注意该产品的停药期，以避免药物在畜产品中的残留。对于从用户回收的饲料应根据不同性质加以处理并有相应的记录。

3. 饲料营养水平对动物健康及畜产品安全的影响

饲料添加剂在畜禽养殖业中发挥显著作用。但是，有些生产者为加快动物生长速度，将一些具有毒副作用且用量极少就可以产生显著效果的饲料添加剂过量、无标准地使用，这样不仅不能达到预期的饲养效果，反而会造成畜禽中毒，影响其生产性能，甚至导致动物死亡，破坏生态环境，造成有毒有害物质聚集，危害人类健康。有些新研制的饲料添加剂没有经过安全性、有效性检验就投产使用，可能会威胁动物健康，危害生态环境。

饲料中营养不平衡或某些营养物质含量过高，导致营养成分不能被利用而随粪便排出，这不仅造成浪费，并导致环境污染。其中氮、磷的排泄污染是国内存在的较严重问题。许多发达国家制定了氮、磷的排泄标准，并强制执行，我国在这方面还存在较大差距。

4. 饲料污染对动物健康及畜产品安全的影响

（1）抗生素残留 抗生素对畜牧业发展发挥了巨大的作用，然而在饲料和疾病治疗中长期大量使用抗生素产生了令人担忧的问题。一是耐药性，抗生素添加剂的长期使用和滥用导致细菌产生耐药性，虽然耐药因子的传递频率低，但是由于细菌数量大、繁殖快，耐药性的扩散蔓延仍较普遍，而且一种细菌可以产生多种耐药性；二是残留，抗生素在畜产品中的大量残留不仅影响畜产品的质量和风味，也被认为是动物细菌耐药性向人类传递的重要途径；三是毒副作用，有些抗生素在使用过程中会对动物体产生直接或间接的损伤，破坏动物体健康。抗生素使用过程中产生的上述问题同样会破坏生态系统的平衡。

（2）金属污染 日粮中添加高剂量铜、锌、砷可提高猪的生产性能，一些养殖户在日粮配方中铜、锌、砷的添加量已经达到或超过畜禽的最小中毒剂量时，仍然继续在饲料中大剂量添加这类重金属矿物质，这些金属元素的代谢产物排出体外，不但导致环境污染，同时重金属砷的高剂量添加聚集在畜禽体内，经由肉、蛋、乳进入人体，会直接影响人类健康。

（3）生物污染　生物污染是指饲料遭受微生物及其代谢产物的污染。病原微生物（如细菌、霉菌、病毒、弓形虫等）污染饲料并随后污染畜产品是动物疾病传播的重要途径，如沙门菌中毒、大肠杆菌中毒、葡萄球菌中毒、肉毒梭菌中毒等中毒病状。霉菌污染并超过安全标准是最突出的微生物污染。饲料中若存在这些毒素不但会危害畜禽健康，继而通过残留影响人类的健康，而且这些毒素经由畜禽代谢产物排出体外，还会破坏周围环境的菌群平衡，危害生态系统。

三、 保障饲料安全的营养学措施

1. 完善现行饲料质量标准

补充完善现行饲料质量标准，对浓缩饲料、预混合饲料中各种矿物质元素的允许添加量、最大添加量都要给出相应的标准或规定。不断修订饲料中允许使用药物及其添加剂的种类和剂量规定。

2. 把好饲料原料质量关

选择原料时首先要注意选购消化率高、营养变异小的原料，这样可减少粪尿中氮的排出量；其次是要注意选择有毒有害成分低、安全性高的原料，以避免或减少有毒有害成分在畜禽体内累积和排出后污染环境。对于含有天然有毒有害物质的原料，应根据实际需要合理控制，如棉、菜籽饼粕应选用脱毒饼粕或控制用量，反刍动物饲料中禁止使用肉骨粉等。

当然，饲料加工也影响畜禽对营养物质的消化吸收，需要加强对饲料原料的深加工技术，改进配合饲料的加工工艺。采用膨化和颗粒化加工技术，可以破坏和抑制饲料中的抗营养因子、有毒有害物质和微生物，改善饲料卫生，提高养分的消化率。

3. 改进饲料配方技术

要求养殖者尽量按照动物的不同种类、不同性别、不同生长阶段的营养需要，尽可能准确地估计动物各阶段、不同环境下的营养需要及各营养物质的利用率，设计出营养水平与动物生理需要基本一致的日粮。一方面避免饲料浪费，降低养殖成本；另一方面可降低畜禽粪尿中营养成分的含量，减少对环境的污染。依据"理想蛋白模式"，以可消化氨基酸含量为基础，配制符合动物需要的平衡日粮，可提高蛋白质的利用率，减少氮的排泄。

饲料配方除了需满足畜禽的生产性能要求外，所添加的原料应符合国家的卫生标准，同时应贯彻国家在饲料方面的有关法规，严禁使用违禁药物和抗生素药渣。对于需要添加药物的饲料，应添加国家准许应用的药物，同时必须符合适用动物范围、用量、停药期和注意事项要求。为了节约饲料生产成本，充分利用饲料资源，一些非常规饲料原料被应用。使用这些原料时，首先要保证其本身的安全性，对于本身具有某些毒性的原料，应采取措施加以防范。

4. 研究开发新型饲料添加剂

严格控制同一种抗生素的使用剂量和使用时间，以免产生抗药性。开发高效、安全、环保的新型饲料添加剂，以替代抗生素的使用。

（1）益生素　益生素是一种活的微生物饲料添加剂，通过改善肠道内微生物的平衡而发挥作用，也称活菌制剂或生菌剂、微生态制剂。益生素有很多种，实际中主要使用乳酸杆菌、粪肠球菌、芽孢杆菌以及酵母，其中乳酸杆菌型制剂应用历史最长。益生素能通过改善畜禽肠道环境，减少有害病菌的作用，达到促进畜禽生长发育、改善品质、降低废弃物的排出、净化环境的目的。

（2）酶制剂　在饲料中添加酶制剂，可补充内源性消化酶的不足，破坏饲料中的抗营养因子或毒物，促进营养物质的消化和吸收，改善饲料利用率，从而减少畜禽粪便中营养物质的排泄量。目前，饲用酶制剂主要包括非淀粉多糖酶（纤维素酶、半纤维素酶、木聚糖酶、果胶酶、葡聚糖酶等）、植酸酶、淀粉酶、蛋白酶和脂肪酶五类。纤维素酶、阿拉伯木聚糖酶（戊聚糖酶）、β-葡聚糖酶等可分解纤维性饲料原料，蛋白酶则可直接促进蛋白质原料的分解。在单胃家畜日粮中使用植酸酶可显著提高植酸磷的消化利用率，减少无机磷的添加量，从而减少粪便磷排出对环境的污染。另外，植酸酶可提高猪对日粮蛋白质和氨基酸及钙的消化率。

酶制剂的使用受日粮类型、日粮的营养水平、动物的生长阶段、添加方式和添加剂量的影响，所以添加时应该注意。

（3）中草药添加剂　是以中草药为原料制成的饲料添加剂。其作用主要表现在防病保健、提高动物生产性能、改善动物产品质量和改善饲料品质等方面。防病保健作用主要表现在增强免疫、抑菌驱虫和调整功能等方面；提高动物生产性能主要表现在促进生长、催肥增重、促进生殖等方面；改善动物产品质量主要表现在改善肉质、改善皮毛等方面；改善饲料品质主要表现在许多中草药添加剂具有补充营养、增香除臭、防霉防腐等作用，从而改善饲料营养、刺激动物食欲、延长饲料的保质期限等方面。

中草药饲料添加剂的特点如下。

① 来源天然性　中药来源于动物、植物、矿物及其产品，本身就是地球和生物机体的组成部分，保持了各种成分结构的自然状态和生物活性，同时又经过长期实践检验对人和动物有益无害，并且在应用之前经过科学炮制去除有害部分，保持纯净的天然性。这一特点也为中药饲料添加剂的来源广泛性、经济简便性和安全可靠性奠定了基础。

② 功能多样性　中药均具有营养和药物的双重作用。现代研究表明，中药含有多种成分，包括多糖、生物碱、苷类等，少则数种、数十种，多则上百种。中药除含有机

体所需的营养成分之外，作为饲料添加剂应用时，是按照中国传统医药理论进行合理组合，使物质作用相协同，并使之产生全方位的协调作用和对机体有利因子的整体调动作用，最终达到提高动物生产的效果。这是化学合成物所不可比拟的。

③ 安全可靠性　中药的毒副作用小，无耐药性，不易在肉、蛋、乳等畜产品中产生有害残留。

④ 经济环保性　抗生素及化学合成类药物添加剂的生产工艺特别复杂，有些生产成本很高，并可能带来"三废"污染。中药源于大自然，除少数人工种植外，大多数为野生，来源广泛，成本低廉。中药饲料添加剂的制备工艺相对简单，生产不污染环境，而且产品本身就是天然有机物，各种化学结构和生物活性稳定，贮运方便，不易变质。

中草药虽然具有上述优点，但现在的应用还不广泛，其原因在于中草药的组方是大组方，这就使得组方药效很杂，难以精确控制；中草药由于产地、季节、炮制方法等不同，品质也不同，从而会对其使用剂量造成一定影响。

（4）功能性寡糖　寡糖又称低聚糖，是一种由2～10个单糖通过糖苷键连接形成直链或支链的低度聚合糖，分功能性低聚糖和普通低聚糖两大类。功能性低聚糖主要包括水苏糖、棉子糖、异麦芽酮糖、乳酮糖、低聚果糖、低聚木糖、低聚半乳糖、低聚异麦芽糖、低聚异麦芽酮糖、低聚龙胆糖、大豆低聚糖、低聚壳聚糖等。人体肠道内没有水解它们（除异麦芽酮糖外）的酶系，因而它们不被消化吸收而直接进入大肠内优先为双歧杆菌所利用，是双歧杆菌的增殖因子。

寡糖的基本功能体现在两个方面：一是微生态调节剂功能，即通过促进动物大肠有益菌的增殖，提高动物健康水平；二是提高机体免疫力，通过促进有害菌的排泄、激活动物特异性免疫等途径，提高其整体免疫功能。

（5）生物活性肽　生物活性肽（biologically active peptides，BAP）是一类存在于天然动植物和微生物等生物体内或动植物蛋白质经蛋白酶酶解而得，且具有特殊生理活性的物质，是蛋白质中20种天然氨基酸以酰胺键组成的从二肽到复杂线性和环形结构低分子肽或多肽类物质的总称。

根据生物活性肽的来源不同可分为4大类：①天然活性肽类，如谷胱甘肽、海鞘、海兔环肽和扇贝肽等。②蛋白质转化活性肽类，包括乳清肽、大豆肽、玉米肽、酪蛋白肽和水产肽等。③微生物代谢活性肽类，主要有多黏菌素、放线菌素、杆菌肽、紫霉素和博来霉素等。④人工合成活性肽类，如胰岛素、催产素、加压素、抑胃酶泌素和水蛭素多肽等。

多数生物活性肽是以非活性状态存在于蛋白质的长链中，当用适当的蛋白酶水解时，其分子片段与活性被释放出来。生物活性肽往往能够直接参与消化、代谢及内分泌的调节，其吸收机制优于蛋白质和氨基酸。生物活性肽具有多种人体代谢和生理调节功能，易消化吸收，有促进免疫、激素调节、抗菌、抗病毒、降血压、降血脂等作用，食用安全性极高。

四、 减少家畜排泄物的营养技术

畜牧业生产不可避免地会产生大量废弃物，如畜禽的粪尿、畜禽场的废水、垫料、死畜禽以及畜产品加工和禽蛋孵化产生的废物等，这些废弃物都可能污染环境，成为影响人类生活环境和生活质量的重要因素。在保证畜禽经济性能的前提下，如何减少畜禽生产对环境造成的污染，是保证畜牧业可持续发展和人类健康亟待解决的问题。通过营养调控技术提高饲料营养物质的利用率，降低畜禽排泄物中各种成分的残留量，减少环境污染，已成为动物营养学的重要课题。

1. 配制营养平衡日粮

日粮的营养平衡关乎家畜对饲料的利用率、动物生产性能和健康等多个方面，传统的日粮配合技术往往把注意力放在单个营养物质的浓度和日采食总量，缺少对各种营养素之间平衡指标和相应技术的关注，易造成某些营养物质的过剩并从粪便中排出，一方面浪费饲料，另一方面造成环境污染。而通过日粮营养平衡技术，在设计畜禽饲料配方时，不仅要考虑各营养素的供给量，同时还必须保持合适的饲料能量浓度，注意蛋白能量比、蛋白质氨基酸之间的平衡关系以及钙磷及其他矿物元素、电解质的平衡，在配制猪鸡饲料时还应注意脂肪与钙、维生素 D 与钙、磷代谢、必需脂肪酸之间的平衡关系，了解小肽类添加剂对氨基酸代谢的影响，以及植酸酶或各类复合酶制剂对饲料成分消化率的影响等，才可以将饲料中各营养素保持在最佳平衡状态，获得最佳的饲料利用率，降低氮磷等的排泄。

2. 采取适宜的饲料加工调制方法

不仅营养成分的配比会影响畜禽对饲料的利用率，而且对饲料的加工处理，如粉碎、制粒、膨化等也影响饲料中各种营养成分的利用效率。粉碎的粒度要根据家畜种类、年龄、生理状态及工艺要求而定，每一种畜禽在其不同的生理阶段或不同种畜禽之间都有其最适粒度，如肉鸡饲料的粒度可大些，在 $15\sim20$ 目即可；鱼虾饲料的粒度要求高一些，一般在 $40\sim60$ 目；特殊饲料的粒度要求更高，在 $80\sim120$ 目。

饲料在制粒过程中，经蒸汽热能、机械摩擦能和压力等因素的综合作用，可杀灭饲料中的各种有害菌并提高饲料消化率等，但制粒过程中的热加工会造成热敏性营养成分的失效，降低饲料效果，因此有效加工是最新的发展趋势。

谷物膨化一般有两种工艺，一种是挤压膨化，另一种是气流膨化。膨化在高温高压的条件下进行，它能引起饲料的物理和化学性质的变化。试验表明，仔猪采食膨化熟豆粕可降低腹泻率，提高生产性能，且仔猪的血清尿氮明显低于熟豆粕组。

3. 合理应用添加剂

随着畜牧业的发展，各类饲料添加剂和能量饲料、蛋白质饲料三者有机地配合应用，对促进动物的生长、肥育、提高饲料利用率、获得最大的社会效益和经济效益有重大的意义。其中各种酶制剂基本都具有提高养分利用率，降低排泄的作用。如蛋白酶可提高植物性饲料中氨基酸的利用率，减少粪中氮的排泄量。饲料中添加蛋白酶后，氮的沉积率可提高 5%～15%。氮沉积率提高 5%，意味着 20kg 重的猪每日少排出 0.2g 氮，60kg 重的猪每日少排出 2g 氮。小麦、黑麦等麦类饲料中添加以 β-葡聚糖和阿拉伯木聚糖为主的复合酶制剂，可有效补充畜禽内源酶的不足，消除非淀粉多糖（NSP）的抗营养作用，进而提高饲料中养分的消化率，减少饲料中有机养分的排出。而饼粕类饲料中加入以甘露聚糖和木聚糖酶为主的复合酶制剂，可有效地提高这类饲料中养分的消化率和利用率，减少饲料中养分在畜禽粪尿中的残留量，从而减少有机养分对环境的污染。

在猪禽的饲料中添加植酸酶，可显著提高谷物籽实中磷的利用率，降低配合饲料中无机磷的添加量，减少磷对环境的污染。植酸酶可提高猪饲料中磷的利用率 20%～46%；在肉鸡日粮中使用植酸酶，则排泄物中的磷可降低 50%。试验表明猪从断乳到育肥结束，在饲料中添加植酸酶与添加无机磷的效果相似，而猪粪便中磷的排出量减少30%～35%。

有机微量元素复合物的效价通常高于无机微量元素，所以用有机微量元素复合物取代无机微量元素，可减少微量元素在饲料中的添加量。在仔猪日粮中添加 50mg/kg 酪蛋白铜的促生长效果和添加 250mg/kg 硫酸铜的促生长效果基本一致，但铜的排出量大大降低。用络合锌取代无机锌也可取得良好的效果，同时降低粪中锌的排泄量。

五、 减少畜牧业碳排放的营养调控措施

反刍动物是农业温室气体排放的主要排放源，据估计，全球反刍动物每年约产生 CH_4 $8×10^7$ t，占全球人类活动 CH_4 排放量的 28%。反刍动物排放 CH_4 与它们特有的消化方式有关。CH_4 产量与饲料成分及营养平衡程度有关，低质粗饲料 CH_4 产生量大。影响 CH_4 生成量的基本机制有两个：第一，瘤网胃中可发酵碳水化合物的量。这一机制影响瘤胃中可发酵碳水化合物与非降解碳水化合物比率。第二，通过瘤胃中产生 VFA 的比例调节可利用氢的供应量，随之影响 CH_4 产量。瘤胃中乙酸与丙酸的相对产量是影响 CH_4 生成量的主要因素。当瘤胃发酵有高比例乙酸产生时，CH_4 的产生量随之提高；而当丙酸比例增高时，CH_4 的生成量降低。氢是限制 CH_4 产生的第一要素，生成乙酸过程中产生大量的氢；而丙酸是氢的受体，形成丙酸的过程中不仅不产生氢，而且还需要吸收外来的氢。在瘤胃发酵过程中产生的氢和 CH_4 是不可利用的，因而生成乙酸过程伴随着较大的能量损失，而生成丙酸过程意味着 CH_4 生成量的减少。

畜牧生产中的碳减排主要指减少家畜生产过程中产生的 CO_2、CH_4 和 N_2O 等温室气体的排放量。营养上减少碳排放的措施归结起来主要有改善饲养管理、提高生产性能及添加 CH_4 抑制剂 3 个方面。

1. 改善饲养管理

反刍动物生产过程中 CH_4 的排放量因动物的采食量、饲料种类、饲粮精粗比及饲养水平的不同变化很大，所以，改善反刍动物饲养管理是抑制反刍动物 CH_4 生成最有效及现实的途径。

（1）设计合理的日粮结构　不同饲料在瘤胃中产生的发酵类型不同，当饲料品质较高或精粗比适当时，瘤胃内发酵会产生较高比例的丙酸，从而降低 CH_4 的产量。据试验，玉米青贮、玉米秸秆、国产苜蓿干草、国产苜蓿茎干、进口苜蓿干草、羊草 6 种常用饲草的 CH_4 产量，以玉米秸秆 CH_4 产量最高，国产苜蓿干草为最低，也即饲草的 CH_4 产量与其品质成反比，优质牧草 CH_4 产量低，可提高饲料利用率，减少温室效应。生产实践中，增加以优质牧草为主的粗饲料的比例，采用低淀粉日粮来控制易发酵碳水化合物的摄入量，在不降低生产水平的前提下，可提高饲料转化率，并减少瘤胃甲烷气体的排放。

另外，适当增加日粮中的精料比例，可增加丙酸产量，降低乙酸和丁酸的比例，提高饲料的利用效率和动物的生产性能，降低 CH_4 产量。

（2）改进饲养技术　提高饲养水平，通常能增加食糜的通过速率和过瘤胃的营养物质，减少由于甲烷的排放造成的能量损失，使瘤胃中乙酸比例下降，丙酸比例上升，可以提高发酵尾产物的能量价值。

反刍动物的日粮一般由粗饲料、青绿多汁饲料和精饲料组成。粗饲料能够保持瘤胃食物结构层的正常作用，而精料的加入使之破坏。饲喂时先粗后精，可以使更多的能量通过瘤胃，从而减少甲烷的产生。

少量多次的饲喂方式，可以增加粗料的采食量，增加水的摄入量，提高瘤胃内食糜的通过速度，从而增加过瘤胃物质的数量，减少甲烷的产生。

通过饲料加工可以破坏细胞壁，从而提高饲料利用率，同时也伴随着 VFA 分子比例的改变。粉碎或加工成颗粒，能提高丙酸的比例，但过度的加工，使饲料细度过分减少，会导致其在瘤胃中的停留时间缩短，降低饲料的消化率。

2. 提高家畜的生产性能

提高家畜的生产性能是减少农场 CH_4 排放的有效途径。Gerber 等从采用生命周期评估方法（LCA）评估奶牛生产和加工链中温室气体排放量出发，探讨了全球范围内奶牛的生产力和温室气体排放之间的关系，指出以每头奶牛脂肪和蛋白质校正乳（FPCM）产量作为衡量奶牛生产系统的生产力的指标，则在每头奶牛的基础上，产量越高温室气体排放量越高，但每千克脂肪和蛋白质校正乳温室气体排放量则随着动物生产力的升高而下降。奶牛生产系统温室气体排放总量中不同气体的排放量各不相同，CH_4 和 N_2O 的排放量随着动物生产力的提高而减少，而 CO_2 排放量则随着动物生产力的提高而增加，但增加的幅度很小。因此，提高反刍动物的集约化、规模化、标准化养殖水平，提高单产水平，不仅是满足越来越多牛乳需求的一个途径，也是一个可行的减排途径，特别是在牛产乳量低于 $2000kg/$（头·年）的地区。

提高生产性能亦可以与遗传改良和奶牛饲喂系统结合，从而实现最有效地减少 CH_4 排放。此外，诸如优化畜群结构，淘汰低产畜、病畜，合理有效地利用奶牛饲用年限等，均是提高反刍动物群体生产力，减少 CH_4 总排放量的主要技术策略。

3. 添加 CH_4 抑制剂

通过添加适量的甲烷抑制剂可以有效地抑制甲烷的生成。

（1）植物提取物　天然的植物提取物兼有营养和专用特定功能两种作用，可以起到改善动物机体代谢、促进生长发育、提高免疫功能、防止疾病及改善动物产品品质等多方面作用。植物提取物具有毒副作用小、无残留或残留极小、不易产生抗药性等优点。如单宁通过对产甲烷菌的直接毒害作用可以降低 $13\%\sim16\%$ 的 CH_4，然而过高的添加浓度会降低饲料采食量和消化率。茶皂苷和纯品茶皂苷均可以降低瘤胃 CH_4 产量，改变瘤胃发酵，但是非皂苷提取物在高浓度下可以提高 CH_4 产量，且对其他瘤胃发酵指标没有影响。绞股蓝皂苷添加到发酵体系中，能够调节瘤胃微生物发酵，减少 CH_4 的产生，降低瘤胃原虫数量，增加瘤胃微生物蛋白质产量，适当绞股蓝皂苷水平（10mg）能显著提高总挥发性脂肪酸以及乙酸、丙酸、异丁酸、戊酸、异戊酸和支链脂肪酸浓度，提高反刍动物饲料的能量利用效率和减缓 CH_4 对环境的污染。

植物提取物作为新型甲烷抑制剂具有很大的开发和应用前景。

（2）油脂　饲粮中添加脂肪和脂肪酸后，可以通过不饱和脂肪酸的氢化作用、提高丙酸比例及抑制原虫生长等途径抑制 CH_4 产生。同时，油脂还可以减少原虫的数量，因为原虫和产甲烷微生物具有共生的关系，所以，间接地减少了产甲烷菌的数量。对甲烷抑制剂的研究多集中在天然的油脂上。据试验，添加油菜子既可以降低 CH_4 产量又对饲粮消化率和产乳量无负面影响。张春梅等利用瘤胃模拟体外产气法研究了在高精料底物条件下添加富含十八碳不饱和脂肪酸的植物油和亚麻酸对瘤胃发酵和 CH_4 生成的影响，指出豆油和亚麻油可以显著降低瘤胃产气量和 CH_4 产量，增加总挥发性脂肪酸含量和丙酸比例。亚麻油和亚麻酸分别在添加量为 5% 和 3% 时能显著降低 CH_4 的产量，且抑制效果随着添加剂量的提高而增强。

（3）酸化剂　有机酸（如苹果酸和延胡索酸）可通过加快瘤胃发酵体系中氢代谢，从而提高丙酸产量，降低 CH_4 产量。它的作用不是抑制瘤胃细菌，而是提供另外的 H_2 释放途径。有机酸可提高除甲烷菌外的其他细菌对 H_2 和甲酸的利用。瘤胃中有多种细菌可以利用 H_2 和甲酸，它们都是用来作为电子供体，甲烷的产量可能会随加入容易被此细菌利用的电子受体而降低。有研究证明，添加 $6.25mmol/L$ 的延胡索酸能够减少 $17\%CH_4$ 产生，相当于利用了全部 H_2 的 77%。

但有关延胡索酸对 CH_4 产量影响的研究报道，结果很不一致，其对 CH_4 产量的影响程度可能取决于饲粮结构及延胡索酸的添加水平。

单元四 畜禽养殖的群发病防控技术

学习目标

能够根据畜禽群发病的特点，制订合理的畜牧场群发病防控措施。

随着养殖规模的产业化、集约化，大量家畜生活在同一人工生态环境中，一旦某一生态因子发生变化，常引起家畜群体性发病的现象，例如细菌、病毒等引起的传染性疾病，饲料污染造成的中毒性疾病，营养物质缺乏引起的缺乏症等。

一、 家畜群发病的特点

家畜群发病是指受到某种病因的作用，引起家畜群体发病的现象，包括传染病、寄生虫病、营养与代谢性疾病、中毒性疾病、应激性疾病等。

家畜群发病有如下特点。

① 群发病往往具有相同的病因和类似的疾病表现，差异较小，也就是说群发病的共性大于个性。

② 同一群畜禽往往处在相同的饲养条件下，不仅接触的饲料、饮水和环境气候相同，而且面对致病因素侵袭的机会也均等，即环境条件对畜体的制约是一致的。

③ 在集约化饲养的畜禽群体中，每个畜禽的品种、年龄、性别通常是一致的，个体之间的差异小。因此，当群体发生疫病时，每个个体所反映出来的总体机能状态有很大的一致性。

④ 群发病往往带有突发性和隐蔽性，如果不能在早期及时发现，并采取有效措施，将会造成巨大的损失，即群发病的影响往往具有放大效应。

二、 家畜群发病的分类

根据病原的性质，群发病可分为传染性群发病和非传染性群发病。

1. 传染性群发病

由病原微生物（细菌、病毒）或寄生虫所引发，主要病原包括以下几种。

（1）**细菌类** 炭疽杆菌、布鲁菌、分枝杆菌、大肠杆菌、巴氏杆菌、沙门菌、破伤风杆菌、金黄色葡萄球菌、猪Ⅱ型链球菌等。

（2）病毒类　口蹄疫病毒、狂犬病病毒、禽流行性感冒病毒、鸡新城疫病毒、鸭瘟病毒、小鹅瘟病毒、猪瘟病毒、非洲猪瘟病毒、猪流行性腹泻病毒、猪细小病毒、犬瘟热病毒等。

（3）寄生虫类　吸虫、绦虫、线虫、球虫、弓形虫、住白细胞虫、螨虫等。

2. 非传染性群发病

非传染性群发病包括营养代谢性疾病、中毒性疾病和应激性疾病等。

（1）营养代谢性群发病　包括能量物质营养代谢性疾病，如酮病、营养性衰竭症等；常量矿物质元素营养代谢性疾病，如生产瘫痪、佝偻病、骨软症、痛风等；微量元素缺乏性疾病，如硒、锌、铁、碘、锰、铜缺乏症等；维生素营养紊乱性疾病，如维生素 A 缺乏症、维生素 D 缺乏症、维生素 E 缺乏症、B 族维生素缺乏症等。

（2）中毒性群发病　包括饲料、药物及有毒动植物中毒，如黄曲霉毒素中毒、疯草中毒等；地质及工业污染性中毒，如氟中毒、硒中毒；农药、灭鼠药中毒，如有机磷农药中毒、敌鼠钠中毒等。

（3）应激性群发病　由饲养人员配置变化、栏舍周转、高温、突然改变饲料种类等引起的应激性疾病。

三、 家畜群发病的病因

1. 非生物因素

引起家畜群发病的非生物因素主要有光、空气、气候、土壤、水、湿度、海拔和地形等，这些因素与家畜群发病的发生、发展和消亡有着密切的关系。

（1）光照　适度的太阳照射，具有促进家畜新陈代谢、加强血液循环、调节钙和磷代谢的作用。但是，强烈的且长时间的太阳辐射则有可能引起家畜皮肤紫外线灼伤、体内热平衡破坏，甚至发生日射病而导致家畜死亡。研究表明，光照是家禽发生啄癖的重要诱因，光照制度变更或照明度不够，会引起蛋禽产蛋率下降 $10\%\sim30\%$。

（2）空气　空气质量对家畜的健康和生产性能也会产生直接影响。在集约化畜禽养殖场中，如果畜舍通风换气不良，舍内卫生状况不佳，有害气体浓度超过标准，就会损害家畜机体健康，降低家畜机体免疫力，引发呼吸系统疾病和多种传染性疾病。如高浓度氨气可以引起蛋鸡的产蛋率、平均蛋重、蛋壳强度和饲料利用率降低。而硫化氢则可引起猪的食欲丧失、神经质，并可使猪呼吸中枢和血管运动中枢麻痹而导致死亡。

空气也可以传播疾病，许多疾病的病原体附着在空气中的飞沫核或尘土等细小颗粒上，引起局部或多地发病。

（3）气候条件　气候条件是家畜生活环境中的重要物理因素，不良的气候条件可成为许多疾病的诱因。例如，低温可引起组织冻伤，还能削弱机体抵抗力而促进某些疾病的发生；温度、气压的突变也可以诱发疾病；大风雪等恶劣天气会对家畜造成一定的不良影响，诱发机体产生过强的应激反应，同时对环境中致病性微生物易感性增加，加剧病原对家畜的损害。很多时候，不良的气候条件就是疾病暴发的诱因（表5-5）。

表 5-5　家畜共患传染病与气候因素的关系

病名	发病季节	与气候因素的关系
炭疽	夏季6～8月份多见	炎热多雨,促使本病的发生与流行
肉毒梭菌中毒症	夏秋两季,秋凉停止	天热高温时多发
破伤风	季节性不明显	春秋雨季多见
坏死杆菌病	多雨季节	多雨、闷热、潮湿均可促使本病发生
巴氏杆菌病	无明显季节性	冷热交替、气候剧变、闷热、潮湿、多雨、寒冷
皮肤霉菌病	全年均可发生,秋冬舍饲期多发	阴暗、潮湿易发
钩端螺旋体病	7～10月份	气候温热,雨量多时易流行
口蹄疫	季节性不明显	秋末、冬春常发
日本乙型脑炎	夏季至初秋7～9月份多发	闷热、蚊多时多发
痘病(绵羊痘)	冬末春秋	严寒、风雪、霜冻促使本病多发

气温和湿度的变化也是影响动物健康的因素之一。在高温高湿度条件下，动物蒸发散热量减少，常导致体温和热调节障碍，易发生皮肤肿胀，皮孔和毛孔变窄、阻塞而导致的皮肤病，若体温持续升高甚至可以导致动物热衰竭死亡。此外，高温高湿条件下，细菌和霉菌增殖速度加快，加上尘埃及有害气体的作用，畜禽易发生环境性肺炎。在低温高湿度条件下，动物被毛和皮肤都能吸收空气中的水分，使被毛和皮肤的导热系数提高，降低皮肤的阻热作用，显著增加非蒸发散热量，使机体感到寒冷，易发生冻伤。动物若长期处在以上两种环境中，不但影响动物的生产性能，严重时还可导致动物在这种环境下发生非病原性群体病，甚至大批死亡。气温过高、过低对家畜的生产性能均有影响。如在高温条件下，鸡的产蛋数、蛋大小和蛋重都下降，蛋壳也变薄，同时采食量减少。温度过低，亦会使产蛋量下降，但蛋较大，蛋壳质量不受影响。

（4）土壤　当病畜排泄物或尸体污染土壤时，常会造成多种疾病的流行，如炭疽、气肿疽、破伤风、猪丹毒、恶性水肿等。土壤中的化学成分，特别是微量元素的含量缺乏或含量过高，均有可能引起在该环境下饲养的家畜发生营养代谢性群发病。如夏季多雨常致牧草镁含量降低而导致放牧家畜患青草抽搐症；地区土壤缺少钴时，则家畜常发生以营养障碍和贫血为主症的钴缺乏症；土壤中缺铁引起饲料中铁含量不足，则可引起仔猪贫血症；缺硒地区，若饲料中未补充硒则引起动物的硒缺乏症；在高氟地区，动物常发生以食欲下降、消瘦、牙床发炎、牙齿松动、关节强硬、跛行、喜躺卧为主要表现的氟中毒。应该注意的是，土壤受到污染或土壤中化学成分发生变化时，一般不引起明显的感官变化，所以往往被人们所忽略。因此蓄积性、隐蔽性和慢性发作是因土壤原因引起的动物群发病常见的临床特点。

（5）水 水质的好坏可以直接影响家畜的健康。工业化进程加快，工业"三废"引起水体污染情况日益严重。农药、除草剂的不合理使用，也会污染水体。有害物质通过饮水进入家畜体内，不但影响家畜的健康、诱发疾病，而且可以通过在畜禽体内的蓄积而直接威胁人类的健康。很多引起家畜疾病的寄生虫的生活史和感染途径都是与水有关，污染的水源是造成家畜寄生虫病流行的原因之一，例如血吸虫、肝片吸虫、裂头绦虫、隐孢子虫等。此外，饮水中金属盐离子的浓度也对发病有明显的影响。

2. 生物因素

多种生物因素都可以成为家畜疫病传播的媒介。如野鸟携带禽流感病毒后可以直接或间接传染给家禽、猪、人等；狼、狐等容易将狂犬病传染给家畜；鼠类能传播沙门菌病、钩端螺旋体病、布鲁菌病、伪狂犬病；野鸭可以传播鸭瘟；羊的肝肺包虫病和脑包虫病（多头蚴病）都是由犬作为终末宿主传播的。另外，有些动物（其中包括蜱、蚊、蝇、蠓等节肢动物）本身对某病原体无易感性，但可机械地传播疾病，如鼠类会机械性地传播猪瘟和口蹄疫病毒。人也是传播家畜传染病和寄生虫病的重要因素，如患布鲁菌病、结核病、破伤风等人畜共患病的人可作为带菌者引起这些疫病在动物中的传播。另一方面因消毒不严，饲养人员也可成为猪瘟、鸡新城疫等病的传播媒介。

3. 社会因素

与家畜疫病流行相关的社会因素，包括社会制度、生产力、社会经济、风俗习惯、文化等。社会因素既有可能促使家畜疫病流行，也可能成为有效消灭和控制疫病流行的关键。社会因素比较复杂，与家畜疾病防治相关的社会因素包括管理科学和生物科学。制订和执行有关政策法规，如牲畜市场管理、防疫和检疫法规、食品卫生法、兽医法规等，对家畜疫病的防控具有重要意义。

四、 家畜群发病的生态防控措施

1. 合理选择场址

畜禽养殖场一般应选择地势较高、干燥、冬季向阳背风、交通及供电方便、水源充足卫生、排水通畅的地方，并应与铁路、公路干线、城镇和其他公共设施距离 500m 以上，尤其应远离畜禽屠宰场、加工厂、畜禽交易市场等地方。养殖场周围应与外界有围墙相隔离，场内布局应科学、合理，符合卫生要求。

2. 注重良种选育

对畜禽品种选择时，除了要考虑生长速度外，还应考虑对疾病的抗御能力，尽量选择适应当地条件的优良畜禽品种。如果进行品种调配或必须从异地引进种畜时，必须从非疫区的健康场选购。在选购前应对引进畜禽作必要的检疫和诊断检查，购进后一般要隔离饲养 1 个月，经过观察无病后，才能合群并圈，并需根据具体情况给引进畜禽进行预防注射。

3. 加强饲养管理

良好的饲养管理条件下，畜禽生长发育良好，体质健壮，对疫病的抵抗力较强，这样不但利于畜禽的快速生长，而且可以使一些疫病如巴氏杆菌病、大肠杆菌病等不发生或少发生。相反，如果饲养管理状况差，畜禽抵抗力弱，则常常容易导致传染病的大面积发生和流行。饲养管理良好，畜禽发病少或者不发病，这对减少药物使用、降低养殖成本具有基础性的作用。

（1）实行"全进全出"制度　为了提高生产效率，有利于畜禽疾病的预防尤其是合理免疫程序的实施，畜禽饲养管理应采取"全进全出"制度。如在养鸡场，一栋鸡舍只养同一日龄、同一来源的鸡，同时进舍，同时出售或淘汰，同时处理，畜禽出栏后进行彻底消毒。

（2）分群饲养　不同生长发育阶段的畜禽以及不同用途的畜禽均应分开饲养，以便根据其不同的生理特点和需要，进行饲养管理，供给相应的配合饲料，保证畜禽正常生长发育，减少疫病交叉传染。

（3）创造良好的生活环境　良好的生活环境有利于抑制和控制传染病的发生、扩散和蔓延，对畜禽安全饲养具有极其重要的作用。

满足畜禽生长发育和生产所需的温湿度条件，在炎热的夏天，要采取各种行之有效的防暑降温措施，如加强通风，给猪用凉水冲淋等；在寒冷的冬季，要加强防寒保暖措施，如维修门窗防止"贼风"等。

保持适宜的光照。适宜的光照对畜禽有促进新陈代谢、骨骼生长和杀菌消毒、预防疫病等作用，光照对幼畜禽生长发育和种畜禽尤为重要，要满足不同种类家畜不同时期的光照需求。

控制好饲养密度，加强畜舍的通风换气。适当的饲养密度和通风换气，不但可以保障畜禽的正常采食、饮水、活动和散热，而且还可以达到保持畜舍空气质量、合理利用圈舍、减少死亡和疫病发生、增加经济效益的目的。

（4）做好清洁卫生和消毒工作　畜禽圈舍和运动场地应定时清扫或冲洗，并保持清洁干燥。坚持定时除粪，及时翻晒或更换垫料，做到畜禽体干净、饲料干净、饮水干净、食具干净、垫料干净。

养殖场需要建立严格的兽医卫生消毒制度，要对所有人员、设备、用具、进入车辆进行严格的消毒，非生产人员不得擅自进入生产区。工作服与胶鞋在指定地点存放，禁止穿出场外，工作服定期清洗消毒。每批家畜饲养结束后要对栏舍进行清洗，彻底消毒。生产场区要定期进行消毒，必要时可增加消毒次数或带动物消毒。对于异常死亡的动物，要交给卫生处理厂进行无害化处理，或在兽医防疫监督部门的指导下在指定的隔离地点烧毁或深埋。畜禽养殖场区内禁止同时饲养多种不同的动物，要定期进行灭鼠、灭蚊蝇工作。消毒剂最好选用具有高度杀菌力，并在较短时间内奏效、易溶于水或易与水混合、无怪气味、对人畜无毒无害的产品。

4. 构建科学防疫体系

构建符合中国实际的并与国际接轨的动物防疫体系，建立动物疫病监测预警、预防控制、防疫监督、兽药质量与残留监控以及防疫技术支撑和物资保障等系统，形成上下贯通、运转高效、保障有力的动物防疫体系。

适时开展免疫预防工作。免疫预防是防控家畜传染病发生的关键措施，科学的免疫程序要因场而定，因种而异，不可盲目照搬照抄。制定免疫程序时，一要对当地传染病发生的种类和流行状况有明确的了解，针对当地发生的疫病种类，确定应该接种哪些疫苗；二要做好疫病的检疫和监测工作，进行有计划的免疫接种，减少免疫接种的盲目性和浪费疫苗；三要按照不同传染病的特点、疫苗性质、动物种类及状况、环境等具体情况，建立科学的免疫程序，采用可靠的免疫方法，使用有效的疫苗，做到适时进行免疫，保证较高的免疫密度，使动物保持高免疫水平；四要避免发生免疫失败，及时找出造成免疫失败的原因，并采取相应的措施加以克服。只有这样，才能保证免疫接种的效果，才有可能防止或减少传染病的发生。

5. 合理用药

（1）注意使用合理剂量　剂量并不是越大效果越好，很多药物大剂量使用，不仅造成药物残留，而且会发生畜禽中毒。在实际生产中，首次使用抗菌药可适当加大剂量，其他药剂则不宜加大用药剂量。特别是不要盲目地在日常饲料中添加抗生素，这样不但造成抗药性增强，而且造成不必要的浪费。

（2）注意药物的使用方法　饮水给药要考虑药物的溶解度和畜禽的饮水量，确保畜禽吃到足够剂量的药物；拌入饲料服用的药物，必须搅拌均匀，防止畜禽采食药物的剂量不一致；注射用药要按要求选择不同的注射部位，确保药效。

（3）注意用药疗程　药物连续使用时间，必须达到一个疗程以上，不可使用1～2次后就停药，或急于调换药物品种，因为药品必须使用一定剂量和一定的疗程后才能显示疗效，必须按疗程用药，才能达到药到病除的目的。

（4）注意安全停药期　停药期长的药物、毒副作用大的药物（如磺胺类）等要严格控制剂量，并严格执行安全停药期。

6. 提倡科学合理的养殖模式

根据各地区的特点，因地制宜地规划、设计、组织、调整和管理家畜生产，以保持和改善生态环境质量、维持生态平衡、保持家畜养殖业协调、可持续发展为前提，提倡科学合理的养殖模式。按照"整体、协调、循环、再生"的原则，使农、林、牧之间相互支持，相得益彰。一方面提高综合生产能力，实现经济、生态和社会效益的统一；另一方面协调家畜养殖中的各种条件，提高家畜抵抗疫情的能力，这对于家畜疫病的防治具有积极而重要的作用。

作　业

1. 生态畜牧业产业化生产体系的组成部分都有哪些？

2. 畜禽粪便是畜牧场对周围环境造成破坏的主要污染源之一，请制定某养殖场粪便资源化利用方案。

3. 家畜营养是如何影响动物健康和畜产品安全的？请说明你将采取哪些营养技术措施以提高饲料及畜产品安全，减少畜禽污染物排放。

4. 根据所学知识，制定某养殖场家畜群发病综合防控策略。

参考文献

[1]　万毅成．辽宁高效可持续农业模式．沈阳：东北大学出版社，2000.

[2]　骆世明．生态农业的模式与技术．北京：化学工业出版社，2009.

[3]　四方华文．新农村生态立体养殖实用手册．北京：人民出版社，2010.

[4]　李吉进．环境友好型农业模式与技术．北京：化学工业出版社，2010.

[5]　尹昌斌，周颖等．循环农业100问．北京：中国农业出版社，2009.

[6]　李文华．生态农业的技术与模式．北京：化学工业出版社，2005.

[7]　陈阜，李季．持续高效农业理论与实践．北京：气象出版社，2000.

[8]　薛达元，戴蓉，郭添等．中国生态农业模式与案例．北京：中国环境科学出版社，2012.

[9]　杨轶．论我国生态农业及其发展对策 [D]．太原科技大学硕士学位论文，2012.

[10]　刘作华，卢德勋等．构建猪的优化饲养理论和技术体系 [J]．饲料工业，2012（2）.

[11]　王兆森．提高饲料蛋白质利用效率的措施研究 [J]．吉林师范大学学报（自然科学版），2010（1）.

[12]　王笑笑，高腾云，秦雯霄．2010年至2011年奶牛养殖中碳减排的研究概况 [J]．动物营养学报，2012：24（8）.

[13]　马乐．反刍动物瘤胃甲烷产生及调控的研究进展 [J]．饲料与畜牧，2013（8）.

[14]　蒋树威．畜牧业可持续发展的理论与实用技术．北京：中国农业出版社，1998.

[15]　廖新俤，陈玉林．家畜生态学．北京：中国农业出版社，2009.

[16]　张壬午，卢兵友，孙振钧．农业生态工程技术．郑州：河南科学技术出版社，2000.

[17]　GERBER P，VELLING T，OPIO C，et al. Productivity gains and greenhouse gas emissions intensity in dairy systems [J]．Livestock Science，2011，139（1/2）：100-108.

[18]　http：//www. lninfo. gov. cn/kjzx/show. php? itemid＝21424.

[19]　http：//www. lninfo. gov. cn/.